# MUNDOS TRIBALES
## UNA VISIÓN ETNOARQUEOLÓGICA

Juan Salazar, Inés Domingo, José Mª Azkárraga i Helena Bonet
(Coords.)

**MUSEU DE PREHISTÒRIA DE VALÈNCIA**
**DEL 5 DE NOVIEMBRE DE 2008 AL 22 DE MARZO DE 2009**

DIPUTACIÓ DE VALÈNCIA
Àrea de Cultura

MUSEU DE PREHISTÒRIA

Este libro se editó con motivo de la exposición temporal "**Mundos tribales. Una visión etnoarqueológica**", inaugurada el día 5 de noviembre de 2008

DIPUTACIÓN DE VALENCIA

**Presidente**
ALFONSO RUS TEROL

**Diputado del Área de Cultura**
SALVADOR ENGUIX MORANT

MUSEU DE PREHISTÒRIA DE VALÈNCIA

**Directora**
HELENA BONET ROSADO

**Jefe de la Unidad de Difusión, Didáctica y Exposiciones**
SANTIAGO GRAU GADEA

EXPOSICIÓN

**Proyecto expositivo**
PANÒPTIC C.B.
MUSEU DE PREHISTÒRIA DE VALÈNCIA

**Comisariado**
JOSÉ Mª AZKÁRRAGA
INÉS DOMINGO
JUAN SALAZAR

**Proyecto instalación y montaje**
FRANCESC CHINER

**Fondos etnológicos**
PANÒPTIC C.B. E INÉS DOMINGO
MIGUEL ÁNGEL LLORENTE
XAVIER VERDEJO

**Fondos arqueológicos**
MUSEU DE PREHISTÒRIA DE VALÈNCIA

**Fotografías**
JOSÉ Mª AZKÁRRAGA, JUAN SALAZAR, INÉS DOMINGO, ZAFER KIZILKAYA / IMAGES & STORIES, G. FRYSINGER / TRAVEL IMAGES.COM, CLAIRE SMITH Y SALLY MAY

**Audiovisuales**
PANÒPTIC
JORDI ANDRÉS
CLAIRE SMITH Y PETER MANABARU
ÁNGEL SÁNCHEZ

**Gestión administrativa**
VITA KOROLEVYCH
JOSEP MARÍ

**Traducción al Valenciano**
UNITAT DE NORMALITZACIÓ LINGÜÍSTICA DE LA DIPUTACIÓ DE VALÈNCIA

**Producción y montaje**
MUSEU DE PREHISTÒRIA DE VALÈNCIA

**Ayudantes montaje**
AMADEO MOLINER
JOSÉ TAMARIT
JOSÉ LUIS GARRIGA

**Empresas colaboradoras**
Carpintería y pintura, SEBASTIÁN LÓPEZ; Cristalería, ANDRÉS HERNANDORENA; Rotulación y pancartas, SÍMBOLS SENYALITZACIÓ INTEGRAL; Iluminación, JESÚS MARTÍNEZ; Diseño y maquetación gráfica, VANESA MORA; Reproducción fotografías, CICLORAMA

CATÁLOGO

**Edición**
MUSEU DE PREHISTÒRIA DE VALÈNCIA

**Autores de los artículos**
JOSÉ Mª AZKÁRRAGA
*Comisario de la exposición. Fotógrafo. Valencia.*

HELENA BONET
*Directora del Museu de Prehistòria de València.*

INÉS DOMINGO
*Comisaria de la exposición. Postdoctoral Fellow. Dpt. of Archaeology, Flinders University.*

ALFREDO GONZÁLEZ RUIBAL
*Profesor, Dpto. Prehistoria y Etnología de la Universidad Complutense de Madrid.*

JOAN B. LLINARES
*Professor Dpt. Metafísica i Teoria del Coneixement de la Universitat de València.*

SALLY MAY
*Lecturer, Dpt. of Archaeology, Flinders University.*

ANNE-MARIE PÉTREQUIN
*Maison des Sciences de l'Homme C.N. Ledoux, CNRS et Université de Franche-Comté, Besançon.*

PIERRE PÉTREQUIN
*Laboratoire de Chrono-écologie, UMR 6565, CNRS et Université de Franche-Comét, Besançon.*

JUAN SALAZAR
*Comisario de la exposición. Arqueólogo. Valencia*

CLAIRE SMITH
*Associate Profesor, Dpt. of Archaeology, Flinders University and President of the World Archaeology Congress.*

DAVID TURTON
*Senior Associate, Dpt. of International Development, University of Oxford.*

**Fotografías**
- Las fotografías de los artículos son propiedad intelectual de cada uno de los autores, excepto indicación pie de foto
- Las fotografías de las piezas del catálogo han sido realizadas por José Mª Azkárraga
- Las fotografías del catálogo son propiedad intelectual de:
  JOSÉ Mª AZKÁRRAGA, págs. 137, 138, 139b, 140,141, 142b, 143, 144, 151, 152, 153, 165 -170
  INÉS DOMINGO, págs. 123, 124, 125, 127, 130, 131, 171, 172, 173
  JUAN SALAZAR, págs. 139a, 154,155a
  CLAIRE SMITH, págs. 125, 126.
  ZAFER KIZILKAYA / IMAGES & STORIES, págs. 155b, 156, 158
  G. FRYSINGER / TRAVEL-IMAGES.COM, pág. 157
  GUILLEM PÉREZ, pág. 142a
  SALLY MAY, pág. 129

Todas las imágenes reproducidas en este volumen han sido tomadas con el permiso de los amos tradicionales de los territorios o comunidades; todas las personas que aparecen en las imágenes dieron su consentimiento para a ser fotografiadas. Para aquellas comunidades que exigen un permiso especial para la reproducción de sus imágenes, como es el caso de la Tierra de Arnhem, se ha obtenido siguiendo las leyes de copyright vigentes.

**Traducción al Valenciano**
UNITAT DE NORMALITZACIÓ LINGÜÍSTICA DE LA DIPUTACIÓ DE VALÈNCIA

**Traducción del Francés al Castellano**
MARC TIFFAGOM

**Diseño y maquetación**
LUCAS CREATIVOS

**Impresión**
PENTAGRAF IMPRESORES S.L.

ISBN edición: 978-84-7795-523-8
D.L.: V-4417-2008



**Agradecimientos**
JOAQUIM JUAN, BERNAT MARTÍ, JOSEP LLUÍS PASCUAL, Mª JESÚS DE PEDRO, ÁNGEL SÁNCHEZ, *DEL MUSEU DE PREHISTÒRIA DE VALÈNCIA*; MIGUEL ÁNGEL LORENTE, GARY JACKSON, DARYL GUSE, DIDAC ROMAN, ANNA ALBIACH, IAN GARCÍA, SHAUNA LATOSKY, XAVIER VERDEJO, GUILLEM PÉREZ, MARTA VINYES, MARIA ESTEBAN, ANTONIO ALBARRÁN, JUAN PEIRÓ, ALBERTO ADSUARA, JUAN VERGARA, CARLOS TORTOSA, DIANE HEMMING, GABRIEL MARALNGURRA, WILFRED NAWIRRIDJ Y ALAMU GEMERRU.

También queremos agradecer a todos aquellos que compartieron sus conocimientos con nosotros. Los amos tradicionales de las comunidades de Barunga, Wugularr, Gunbalanya, Turmi y Jiwika. En especial a los *Jungayi* de las comunidades de Barunga (el nombre de los cuales no podemos reproducir por cuestiones culturales, al haber muerto recientemente) y Wugularr (Jimmy Wesan y su esposa Glen) y a Aiki Muli Soudo por hacernos partícipes del su paso a la edad adulta en el territorio Hamer.

**Instituciones que han colaborado**
FLINDERS UNIVERSITY (Adelaide)
MUSEUM VICTORIA (Melbourne)
INJALAK ARTS AND CRAFTS (Gunbalanya)
AMERICAN MUSEUM OF NATURAL HISTORY (New York)
NATIONAL MUSEUM OF ETHNOLOGY (Leiden)

11 POR QUÉ UNA EXPOSICIÓN SOBRE MUNDOS TRIBALES Y POR QUÉ DESDE UNA PERSPECTIVA ETNOARQUEOLÓGICA
HELENA BONET

16 DE LA ETNOARQUEOLOGÍA A LA ARQUEOLOGÍA DEL PRESENTE
ALFREDO GONZÁLEZ RUIBAL

28 EL PAPEL DE LA FOTOGRAFÍA EN EL ENCUENTRO CON EL OTRO
JOSÉ Mª AZKÁRRAGA

38 TIERRA DE ARNHEM, BAJO OMO Y TIERRAS ALTAS DE PAPÚA. LOS PRIMEROS CONTACTOS
JUAN SALAZAR

56 EL ARCO DE LAS MUJERES Y LA REDECILLA DE LOS HOMBRES. ÚTILES Y MITOS DE NUEVA GUINEA
PIERRE Y CLAIRE PÉTREQUIN

66 INTERCAMBIANDO HERIDAS: LA VIOLENCIA MASCULINA RITUALIZADA O LOS DUELOS MURSI
DAVID TURTON

78 LA PINTURA Y SU SIMBOLOGÍA EN LAS COMUNIDADES DE CAZADORES-RECOLECTORES DE LA TIERRA DE ARNHEM
INÉS DOMINGO Y SALLY MAY

92 LA SUPERVIVENCIA DE LAS CULTURAS INDÍGENAS
CLAIRE SMITH

108 LOS PUEBLOS PREINDUSTRIALES Y SU SENTIDO EN UNA ANTROPOLOGÍA AUTOCRÍTICA
JOAN B. LLINARES

CATÁLOGO

122 TIERRA DE ARNHEM. EL TIEMPO DE LOS SUEÑOS

136 VALLE DEL OMO. LOS SEÑORES DEL GANADO

150 PAPÚA. LA ÚLTIMA FRONTERA

164 GLOBALIZACIÓN Y SUPERVIVENCIA CULTURAL

Alfonso Rus Terol
*Presidente de la Diputación de Valencia*

Una vez más el Museo de Prehistoria de la Diputación de Valencia nos sorprende con una exposición sobre una temática de máxima actualidad, como es ofrecer una visión conjunta, etnográfica y arqueológica, de unos pueblos indígenas cuyos modelos de vida y tradiciones se han mantenido a lo largo de los siglos.

La muestra *Mundos Tribales, una visión etnoarqueológica* sumerge al espectador en un recorrido visual a través de tres formas de vida tradicional en las lejanas tierras de Etiopía, Papua y Australia. Imágenes, música y una interesante colección de piezas etnográficas se articulan en diversos espacios para recordarnos que en los albores del siglo XXI todavía sobreviven algunos pueblos y culturas con una forma de subsistencia ajena al modelo industrial mayoritario.

Sugestivas fotografías centran la atención del espectador en la riqueza de los vestidos, los adornos, la cultura material, las ceremonias y las actividades cotidianas de las culturas mostradas, para insistir en la diversidad y la complejidad de las sociedades humanas. Pero esas mismas imágenes nos recuerdan el carácter efímero de la cultura material, realizada en madera, fibras vegetales o pieles, y la invisibilidad de las acciones y creencias humanas en el registro arqueológico. De este modo, a lo largo de la exposición, arqueología y etnografía se convierten en dos disciplinas complementarias para acercarnos a la dimensión humana de la cultura material.

*Mundos tribales: una visión etnoarqueológica* es una exposición pionera entre nosotros sobre esta temática y ha supuesto un reto dentro de las líneas de investigación que viene desarrollando el Museo de Prehistoria. Es por ello, que la Diputación de Valencia una vez más felicita al Museo de Prehistoria por esta muestra que invita no sólo a comprender y conocer mejor las sociedades prehistóricas sino a reflexionar sobre la situación de las actuales pueblos indígenas y el compromiso político y social que deben de tener todas las personas e instituciones a favor de su supervivencia. Creemos que esta exposición ha conseguido, sobradamente, su objetivo.

Salvador Enguix Morant
*Diputado del Área de Cultura*

La exposición "Mundos tribales. Una visión etnoarqueológica", nos introduce en la complejidad del diálogo entre la Arqueología Prehistórica y la Etnología a partir de dos líneas principales de reflexión. Por una parte, la gran diversidad de la experiencia humana, la multitud de culturas a través de las cuales los grupos humanos han dado respuesta a sus necesidades vitales y a los misterios de la existencia. De otra, el gran potencial informativo de la documentación arqueológica cuya lectura gana profundidad desde esta perspectiva etnoarqueológica.

A través de sucesivos ámbitos, el Museo de Prehistoria nos ofrece la oportunidad de recorrer tres áreas culturales donde, todavía hoy, habitan pueblos que mantienen vivas tradiciones y formas de vida ancestrales. En el ámbito dedicado a *Los Señores del Ganado* podemos acercarnos al desconocido mundo de las etnias que habitan en la parte inferior del valle del río Omo, en el sudoeste de Etiopía. Seguidamente, visitamos la isla de Papúa-Nueva Guinea, *La última Frontera,* donde numerosos grupos culturales han permanecido sin contacto con occidente hasta mediados del siglo XX. Por ultimo, descubriremos Los Guardianes *de los Sueños*, comunidades aborígenes del noroeste australiano donde, a pesar de años de transformaciones, mantienen una visión propia del mundo.

El catálogo, que acompaña a la exposición "Mundos tribales: una visión etnoarqueológica" cuenta con la participación de ocho especialistas en el tema, nacionales y extranjeros, que abordan las investigaciones y debates más recientes que se han ido desarrollando en los últimos años sobre esta corriente disciplinar innovadora, la etnoarquelogía, así como sobre el problema de la supervivencia de las sociedades tradicionales cuya situación preocupa cada vez preocupa más.

Por todo ello, desde el Área de Cultura de la Diputación de Valencia invitamos al público valenciano a conocer y disfrutar esos mundos que, ya entrado el siglo XXI, ven peligrar irremediablemente su continuidad cultural ante la imparable globalización.

# POR QUÉ UNA EXPOSICIÓN
## SOBRE MUNDOS TRIBALES Y POR QUÉ DESDE UNA PERSPECTIVA ETNOARQUEOLÓGICA

Helena Bonet

La exposición *Mundos Tribales: una visión etnoarqueológica* se inscribe en las actuales corrientes disciplinares de los estudios prehistóricos que abogan por profundizar en la lectura del registro arqueológico. Sabemos que a través de las estructuras y de los materiales recuperados en una excavación podemos conocer el modo de vida de los grupos humanos que investigamos: su relación con el medio ambiente, sus poblados y principales actividades económicas, sus manifestaciones artísticas o los rituales funerarios. Sin embargo, también somos conscientes de que escapan a nuestro estudio partes fundamentales de esas sociedades, como sería el caso de su mundo simbólico y religioso, entre otros muchos elementos culturales desaparecidos para siempre. En este sentido, los estudios etnoarqueológicos amplían la perspectiva con la que contemplamos la documentación arqueológica a la vez que nos ayudan a comprender la singularidad y complejidad de las culturas humanas al aproximarnos a la gran diversidad de los pueblos indígenas actuales. Y así, de la confluencia entre la etnología, que analiza la culturas vivas, y la prehistoria, que estudia las sociedades desaparecidas, parten las hipótesis con las que construimos los modelos sociales. Lo específico de la investigación etnoarqueológica es que este diálogo implica el contacto real y directo con los pueblos indígenas de las diversas partes del mundo, como sucede con la presente exposición.

El Museu de Prehistòria de València pretende despertar el interés de sus visitantes por esta perspectiva etnoarqueológica mediante una exposición que insiste en el diálogo entre la etnología y la arqueología. Este diálogo y sus correspondientes líneas de trabajo han trascendido muy poco en los discursos expositivos de la mayoría de los museos, cuyas salas de exposición parecen limitarse a presentar los objetos conservados de aquellas sociedades. El recorrido a través del tiempo que podemos seguir mediante la contemplación de los materiales de nuestro museo muestra la dificultad y fragilidad, pero también el gran potencial informativo, de la documentación arqueológica, de modo que comprobamos cómo se suceden distintos estadios tecnológicos, aumenta la complejidad social y el tamaño de los grupos humanos o van conformándose las altas culturas de la antigüedad. Una perspectiva etnoarqueológica es la que reclama que todos estos testimonios de sucesión y evolución de las culturas no se contemplen como pasos de un proceso lineal que conduce a situarnos a nosotros mismos en su punto culminante, sino que en cada una de las culturas veamos un ejemplo del pasado y del presente diversos de la humanidad sobre el que reflexionar para seguir aprendiendo sobre nosotros mismos.

*Mundos tribales: una visión etnoarqueológica,* la primera muestra sobre etnoarqueología de pueblos foráneos en nuestras tierras, nos aproxima a seis comunidades indígenas muy dispares entre sí, singulares como lo fueron tantas y tantas sociedades en el pasado, y como lo somos nosotros mismos. La exposición nos muestra la vida cotidiana, los ritos y ceremonias y las creaciones artísticas en tres áreas geográficas: el bajo río Omo en Etiopía, las Tierras Altas de Papúa y la Tierra de Arnhem en Australia. En estas zonas los grupos humanos que las habitan cultivan la tierra y crían animales domésticos, con el complemento de la caza y la recolección, mantienen su forma de vida tradicional, los poblados, la cultura material, el mundo ceremonial... Esto se nos muestra a través de un conjunto extraordinario de más de 100 objetos y 130 fotografías y filmaciones procedentes de las comunidades indígenas que viven en estos territorios. Para el Museu de Prehistòria de València esta muestra es un nuevo reto expositivo, como lo fue en 2006 la exposición "Mujeres en la Prehistoria" al tratar un tema sobre la Arqueología de Género en las primeras etapas de la historia humana en nuestras tierras. En esta ocasión hemos querido ofrecer una exposición que no se limitase a presentar una excelente exposición fotográfica acompañada de objetos exóticos, sino que incitase al visitante a la reflexión sobre la situación actual de muchos de estos grupos "indígenas", culturas supervivientes frente al poderoso avance de la globalización. Además, nuestro compromiso, como institución museística donde se forman generaciones de escolares y de ciudadanos, es transmitir la complejidad y diversidad de todas y cada una de las culturas que componen el mosaico de la humanidad y, puesto que la Historia del mundo es plural y multicultural, mientras más abiertos estemos al conocimiento de todos los pueblos, pasados y presentes, más posibilidades tenemos de "entender" nuestra propia realidad.

En relación con estos temas, cabe destacar que existe en el Museo de Prehistoria una línea de estudios etnoarqueológicos centrados en la Cultura Ibérica. El interés por el conocimiento de otras culturas actuales, como referencia y apoyo para comprender determinados aspectos de la protohistoria valenciana, se inició en los años 80 del siglo pasado siguiendo las líneas de investigación, ya consolidadas en la década precedente, que pretendían establecer marcos de referencia contrastables para entender mejor, mediante la analogía, determinados aspectos de la vida cotidiana de las sociedades antiguas. El coloquio y publicación sobre "Ethno-archéologie Méditerranéenne" realizado por la Casa de Velázquez de Madrid en 1995, nos brindó la oportunidad de reflexionar, desde la perspectiva aportada por el conocimiento de algunas sociedades tradicionales, sobre algunos aspectos de la arquitectura y las actividades domésticas en el mundo ibérico.

Nuestra mirada se dirigió al otro lado del Mediterráneo, al Magreb donde todavía muchas aldeas bereberes, alejadas del mundo industrial, conservan modos de vida tradicionales con una base de subsistencia agrícola-ganadera, técnicas constructivas y enseres de la vida cotidiana similares a los testimonios hallados en los poblados ibéricos de nuestra península Esta "comparación etnoarqueológica" se planteaba para obtener respuestas a preguntas y problemas, generalmente puntuales, que nos surgían en el estudio de la documentación arqueológica sin que en ningún caso se intentase establecer una analogía entre ambas culturas, por otro lado tan dispares en el tiempo y en el espacio. De modo que esta observación etnográfica se revela como una herramienta para comprender el funcionamiento de determinados útiles, técnicas constructivas o procesos de fabricación, que su vez nos ha permitido entender muchos aspectos de la cultura ibérica e ir más allá de la tipología del objeto o la tecnología. En los años 80 del siglo pasado, los resultados de las excavaciones arqueológicas en los poblados ibéricos del entorno de la ciudad de *Edeta*/Tossal de Sant Miquel de Llíria, nos permitieron ir definiendo materiales, técnicas y soluciones arquitectónicas, como la fabricación de adobes, enlucidos, cubiertas y problemas de ventilación, desagües, accesos o escaleras, apoyándonos en gran parte en la observación etnográfica. Estos estudios etnoarqueológicos no se limitaban a la arquitectura tradicional de barro sino al conjunto de elementos que configuran el hábitat, como hogares, hornos, recipientes de almacenaje y cocina, herramientas agrícolas y artesanales y un largo etcetera, que permiten comprender la distribución, el uso y la dimensión social de los enseres y equipamientos domésticos (fig. 1).

Mujeres tejiendo en un telar vertical en la *kasba* de Ait-Benhaddou, Marruecos. Año 2007.

Con todo este bagaje documental que nos ha permitido conocer la vivienda ibérica, tanto desde el punto de vista arquitectónico como de la funcionalidad de espacios, emprendimos en los años 90 un proyecto de investigación y de arqueología experimental en el *oppidum* ibérico de la Bastida de les Alcusses en Moixent. Se llevó a cabo la reconstrucción de una gran vivienda con los mismos materiales y técnicas constructivas que emplearon los iberos y se recreó en su interior el ambiente de una casa de agricultores del siglo IV a.C. (fig. 2). Si bien el planteamiento inicial de este proyecto era experimental y didáctico, hoy en día nuestro objetivo es saber leer más allá de la funcionalidad de los objetos, de la tecnología constructiva o del modelo de poblado cuestionándonos otras problemáticas como su significado social y simbólico. Se trata de buscar a los protagonistas de esa historia y hacer posible la reconstrucción de la vida humana y para ello, si bien la etnoarqueología nos amplía el abanico de modelos culturales, nunca hay que descuidar el contexto socio-cultural y el momento histórico de la sociedad en estudio.

Sin duda, realizar esta exposición nos ha dado la oportunidad de reflexionar sobre nuestras líneas de trabajo, además de tomar conciencia sobre el pasado, presente y futuro de los pueblos indígenas. Muestra de ello es el presente catálogo que recoge una selección de 70 fotos de las piezas y fotografías más representativas de la exposición y reúne ocho artículos de gran interés etnoarqueológico, algunos de ellos escritos por destacados especialistas que han desarrollado sus trabajos en Etiopía, Papúa y Australia.

Alfredo González Rubial, inicia este catálogo con el artículo *De la etnoarquelogía a la arquelogía del presente,* una revisión y puesta al día de las distintas tendencias y líneas de investigación dentro de esta disciplina. Su mayor aportación es la reflexión que hace sobre los problemas de tipo epistemológico y ético que plantea la etnoarqueología, proponiendo transformar esta práctica científica en una arqueología del presente. Para González Ruibal, la arqueología del presente es una forma menos colonial y más comprometida de llevar a cabo el trabajo etnoarqueológico, procurando comprender las culturas locales, su contexto histórico y sus problemas políticos actuales.

Jose Azcárraga, autor de la mayoría de las imágenes de la exposición y del catálogo, ha sabido captar a través de su cámara los aspectos y los temas que más interesaban desde el punto de vista etnoarquelógico. *El papel de la fotografía en el encuentro del otro* nos da una lectura historiográfica de la visión que tuvieron los primeros fotógrafos sobre las poblaciones indígenas de Australia, Etiopía y Papúa, así como sus técnicas fotográficas, testimonios y experiencias. En definitiva, una documentación etnológica e histórica de gran valor para conocer la vida, costumbres y mitos de estas sociedades. Concluye con una reflexión crítica sobre el papel que está jugando, en la actualidad, la fotografía en los viajes turísticos.

Juan Salazar aborda un tema historiográfico de máxima actualidad en *Primeros contactos en la Tierra de Arnhem, Bajo Omo y Tierras altas de Papúa* donde recoge interesantísimos testimonios de los nativos que relatan cómo fueron los primeros contactos entre los exploradores y colonos occidentales y las comunidades que habitaban aquellas tierras. Un encuentro, en la mayoría de las ocasiones brutal, donde el exterminio diezmó comunidades enteras mientras que en otras regiones, más aisladas, el contacto con las poblaciones indígenas fue más pacífico. Temas como las políticas colonialistas, el papel de los misioneros, el racismo o la resistencia y supervivencia de los grupos nativos nos muestran las grandes transformaciones del mundo entre finales del siglo XIX y primera mitad del XX.

David Turton, en su artículo *Intercambiando heridas: la violencia masculina ritualizada o los duelos mursi* nos ofrece un magnífico estudio antropológico sobre los combates ritualizados, o *thagine,* de los mursi, pueblo ganadero y agricultor que habita en el valle del Omo. En este trabajo muestra como estos combates no son considerados acontecimientos aislados, o excepcionales, sino que tanto los duelos entre los grupos locales mursi como la guerra sirven para crear una imagen propia y diferencial no sólo entre clanes sino entre otros grupos culturales, reforzando de esta manera la identidad político-territorial del pueblo mursi.

El trabajo de Pierre y Anne Marie Pétrequin sobre *El arco de las mujeres y la red de los hombres. Útiles y mitos de Nueva Guinea* es, una vez más, un referente en los estudios etnoarqueológicos. A través de la cultura material de varias etnias de Tierras Altas de Papúa, como son las hachas de piedra, los arcos y las flechas o la red y el palo excavador, los autores profundizan en el significado y el mundo simbólico de los objetos. Al estudiar los procesos tecnológicos de los útiles, muestran cómo estas habilidades técnicas no tendrían ninguna función por sí mismas si no estuvieran socializadas y ritualizadas.

Reconstrucción de una vivienda de época ibérica en la Bastida de les Alcusses siguiendo las técnicas constructivas tradicionales. Año 1999.

Inés Domingo y Sally K. May nos sumergen en el mundo del arte rupestre de los aborígenes australianos en *La pintura y su simbología en la comunidades de cazadores recolectores en la Tierra de Arnhem,* uno de los escasos ejemplos donde todavía perdura esta antiquísima tradición, eso sí adaptada a los constantes cambios socioculturales y ambientales. De este estudio se desprende lo esencial que resulta, para los arqueólogos, la etnografía a la hora de entender las dificultades de reconstruir el significado y la función del arte. Además, destacan la importancia que tiene para los aborígenes el arte rupestre como trasmisión de conocimiento y de su imaginario colectivo.

El artículo de Claire Smith, *La supervicencia de las culturas indígenas,* se centra igualmente en las comunidades aborígenes del norte de Australia pero es, ante todo, un llamamiento a la concienciación de la situación actual de las distintas poblaciones indígenas. Considera clave el trabajo conjunto de los investigadores con los aborígenes tanto en los trabajos de campo como en las publicaciones para ayudar así a transmitir sus conocimientos culturales pero, sobre todo, insiste en que la supervivencia cultural de estas poblaciones frente a la globalización sólo es posible desde la continuidad de sus prácticas culturales que depende, a su vez, del control indígena sobre su propia cultura.

Joan B. Llinares, a modo de conclusión, reflexiona en *Los pueblos preindustriales y su sentido en una antropología autocrítica* sobre la mirada con que contemplamos a los demás en el presente contexto multicultural. Retrocediendo hasta los versos de la Odisea, nos muestra como también la literatura, el arte en su más amplio conjunto, puede colaborar con la mirada etnoarqueológica. Lejos han de quedar los esquemas de la arqueología prehistórica decimonónica que veía en los otros pueblos el reflejo de pasados estadios de nuestro desarrollo. Hoy los percibimos sobre todo como nuestros contemporáneos, plenamente dignos de atención y de estudio por sí mismos en cuanto ejemplos de una plural humanidad repleta afortunadamente de diferencias.

Ésta es la visión que pretende ofrecer la presente exposición, la de que la historia de estos "mundos tribales" es también la nuestra, la de que todos compartimos el presente y somos coautores del futuro.

# DE LA ETNOARQUEOLOGÍA A LA ARQUEOLOGÍA DEL PRESENTE

Alfredo González Ruibal

## Los problemas de la etnoarqueología

Desde sus inicios hace cerca de medio siglo, la etnoarqueología se ha entendido generalmente como una subdisciplina al servicio de la arqueología, encargada de estudiar sociedades premodernas actuales para comprender mejor el registro arqueológico, especialmente de las sociedades prehistóricas (David y Kramer, 2001; González Ruibal, 2003). La mina de la que se extraen las analogías son sociedades no modernas, frecuentemente comunidades de pequeña escala—bandas o tribus, en el lenguaje antropológico neoevolucionista (fig. 1).

En realidad, desde la consolidación de la arqueología como disciplina científica durante la segunda mitad del siglo XIX los investigadores han recurrido a las sociedades preindustriales vivas para interpretar el registro arqueólogico: muchos de los primeros manuales de Prehistoria, de hecho, combinaban datos del pasado remoto y de comunidades "primitivas" (p.ej. Lubbock 1875 [1865]). Sin embargo, no será hasta finales de los años 50 y principios de los 60 del siglo XX cuando estas comparaciones empiecen a realizarse de forma más sistemática: a partir de entonces los arqueólogos comenzarán a trabajar regularmente con sociedades preindustriales para abordar cuestiones que los antropólogos culturales solían dejar al margen (abandonos, tecnología, estilo, subsistencia, etc.). A este tipo de investigación se le dio el nombre de etnoarqueología. La etnoarqueología nació con la Nueva Arqueología o arqueología procesual: uno de los objetivos fundamentales de este paradigma era hacer de la arqueología una disciplina más científica (equiparable a las ciencias naturales), más cuantitativa (con resultados medibles y expresables de forma estadística) y nomotética (capaz de formular leyes generales sobre el comportamiento humano). La misión de la etnoarqueología en este contexto era ofrecer "teorías de alcance medio", o lo que es lo mismo, marcos de referencia básicos que permitieran dar solidez a teorías arqueológicas más amplias.

Por ejemplo, una gran cantidad de trabajo etnoarqueológico en la actualidad se centra en la forma en que los cazadores-recolectores actuales descuartizan y procesan sus presas (Domínguez-Rodrigo, 2002). Los arqueólogos estudian las marcas de descarnado, la acción de los animales carroñeros y las partes de hueso que pasan al registro arqueológico. La intención es encontrar marcos de referencia objetivos y contrastables que permitan entender mejor, de forma analógica, el papel de la acción humana en los conjuntos faunísticos plio-pleistocénicos. El estudio de un conjunto específico de huesos en el presente nos puede permitir comprender mejor la evolución de la humanidad. Por la tarea que le fue inicialmente encomendada, la etnoarqueología ha tenido un carácter funcionalista, universalista y ahistórico, es decir, ha tratado de encontrar explicaciones al registro arqueológico que no se hallan condicionadas por un determinado contexto histórico o cultural y se ha preocupado sobre todo por cuestiones de tipo económico y ecológico.

Fig. 1.- Haciendo etnoarqueología entre los gumuz de Etiopía, un grupo igualitario de agricultores de roza y quema: Álvaro Falquina y Dawit Tibebu realizan entrevistas sobre el parentesco para poder correlacionar los datos con la organización espacial de los conjuntos domésticos.

Pese a la crítica a la que se vio sometida esta forma de practicar la etnoarqueología a partir de inicios de los años 80 (Hodder, 1982a y b; en España: Hernando, 1995), muchos investigadores actuales continúan defendiendo este tipo de investigación (p.ej. Roux, 2007). El problema es que se trata de un enfoque que ha fracasado irremisiblemente: por un lado, las investigaciones etnoarqueológicas han descendido dramáticamente desde mediados de los 80 y, por otro, prácticamente ningún arqueólogo utiliza el trabajo de los etnoarqueólogos para comprender el registro arqueológico ¿A qué se debe esto? Por un lado, los herederos de la Nueva Arqueología han encontrado en la arqueometría muchas soluciones específicas a sus problemas sobre la fabricación y uso de objetos prehistóricos. Para saber cómo se ha cocido una cerámica ya no es necesario observar la labor de una alfarera tradicional, existen procedimientos físico-químicos que nos permiten resolver la cuestión satisfactoriamente. Algunos investigadores, de hecho, consideran que el refinamiento de la arqueología permitirá acabar con la etnoarqueología definitivamente (Vila, 2006).

Por otro lado, cuando se trata de proponer teorías más ambiciosas de tipo sociopolítico, los arqueólogos procesuales prefieren recurrir a comparaciones antropológicas, históricas y etnohistóricas (cf. Parkinson, 2002). Donde se advierte más claramente quizá el fracaso de la etnoarqueología procesual es en el área maya. Sobre los mayas actuales se ha realizado una gran cantidad de trabajos etnoarqueológicos, que cubren aspectos tales como la organización del espacio doméstico (Wilk, 1983), la producción cerámica (Deal, 1998), la fabricación de metates (Nelson, 1987), la industria lítica (Clark, 1991) o la gestión del desecho (Hayden y Cannon, 1983). Sin embargo, toda esta bibliografía apenas figura en las obras sobre los antiguos mayas. Los arqueólogos, en su inmensa mayoría pertenecientes a la línea procesual, acuden habitualmente a las etnografías tradicionales de la zona o a los escritos de los conquistadores españoles para interpretar las sociedades mayas del pasado.

Fig. 2.- Un grupo de Awá de la aldea de Jurití (Brasil), armados para hacer frente a la invasión de sus tierras.

Por lo que se refiere a la arqueología postestructuralista o posprocesual, los investigadores que se adhieren a esta tendencia se encuentran más interesados por cuestiones sociológicas y simbólicas, culturalmente específicas, y en consecuencia no encuentran atractiva ni útil la mayor parte de la bibliografía etnoarqueológica, orientada a cuestiones económicas y tecnológicas en el sentido más estrecho de ambos términos. Los posprocesuales buscan inspiración para interpretar el pasado en la etnografía y los trabajos antropológicos generales: la interpretación del Neolítico y la Edad del Bronce en las Islas Británicas, por ejemplo, se basa en buena medida en paralelos etnográficos, especialmente procedentes de Melanesia (véase por ejemplo Tilley, 1994; Edmonds, 1999; Thomas, 2000). Esta inspiración antropológica ha servido para cambiar radicalmente la imagen que se tenía de las primeras sociedades agricultoras europeas. La fascinación por la antropología es tan poderosa que muchos investigadores posprocesuales, insatisfechos con las posibilidades de su propia disciplina, han querido escribir etnografías del pasado (p.ej. Tilley, 1996; Forbes, 2007). Naturalmente, en los trabajos etnográficos que tanto atraen a estos arqueólogos apenas hay mención alguna a la cultura material, pero al fin y al cabo uno de los problemas de la arqueología postestructuralista ha sido que el énfasis en lo social ha llevado a olvidar los aspectos más puramente materiales de la existencia (Olsen, 2007). Es significativo que uno de los antropólogos que más ha influido en la arqueología posprocesual, Clifford Geertz (1973, 22), dijera que los etnógrafos "no estudian aldeas, sino que estudian *en* aldeas". Sin embargo, resulta que los arqueólogos, y los etnoarqueólogos, *sí* estudian aldeas—como colectivos formados por personas, animales, edificios y artefactos, pero los investigadores posprocesuales parecen haberse olvidado de ello.

La etnoarqueología se enfrenta a otro problema, en este caso de carácter ético ¿Es lícito estudiar a sociedades tradicionales en la actualidad con el único objeto de comprender mejor a comunidades del pasado y, con frecuencia, de otro lugar? En mi opinión, no lo es en absoluto (González Ruibal, 2006b). Este tipo de práctica recuerda bastante al de los antropólogos y arqueólogos coloniales, que robaban (literal o figuradamente) a las sociedades que estudiaban sus riquezas culturales. Muchos trabajos etnoarqueológicos se llevan a cabo sin tener en cuenta la experiencia histórica local, ni siquiera la historia reciente, que es con frecuencia traumática y clave para entender el presente. En otros casos se utilizan datos etnohistóricos, pero se pasa por alto o apenas se menciona el papel que tuvo el colonialismo en el devenir de la cultura: un caso especialmente dramático es el de los yámana de la Patagonia, una sociedad de cazadores-recolectores que fueron exterminados en el siglo XIX. Al estudiar a los yámana simplemente para comprender las sociedades paleolíticas europeas (Vila, 2004) estamos privando a ese pueblo, aunque sea simbólicamente, de lo último que les queda: su historia cultural específica y única. Al igual que hacen los antropólogos, deberíamos estudiar a los grupos con que trabajamos como un fin en sí mismo, más que como una mera fuente de analogías.

Fig. 3.- Ramadán Talow, un brujo berta, durante una entrevista.

Ante los problemas de tipo epistemológico y ético a los que se enfrenta la etnoarqueología, tal y como se lleva a cabo en la actualidad, mi propuesta para hacer de nuevo relevante esta práctica científica es transformarla en una arqueología del presente (González Ruibal, 2006a). Se trata, en cierta manera, de darle la vuelta a la dependencia antropológica de la arqueología. En vez de escribir imposibles etnografías del pasado (la etnografía implica el tiempo presente), debemos producir arqueologías del mundo contemporáneo, que nos permitan comprender mejor a las sociedades vivas. Este tipo de arqueología, además, puede proporcionar elementos de comparación para arqueólogos que exploran períodos y culturas diversos (como sucede con otras investigaciones históricas y antropológicas), pero, desde un punto de vista ético, evita convertir a los pueblos con que trabaja en meros suministradores neutros de analogías arqueológicas.

### Una arqueología del presente

La arqueología del presente, como su nombre indica, estudia a sociedades actuales mediante la metodología y teoría arqueológicas. En esto, en principio, no es muy diferente de la etnoarqueología. Sin embargo, existen tres diferencias notables: como ya he señalado, su objetivo último no es analógico, aunque sus resultados puedan ser utilizados de forma comparativa para otros períodos. En segundo lugar, la arqueología del presente estudia potencialmente todo el mundo actual: tanto sociedades no modernas como capitalistas. No establece una distinción tajante entre nosotros y los otros. La arqueología de la basura en Estados Unidos, por ejemplo (Rathje y Murphy, 1992), es una forma de arqueología del presente. En tercer lugar, este tipo de arqueología no contempla una distinción drástica entre pasado y presente: en vez de considerar el uno al servicio del otro, como hace la etnoarqueología, cree que ambos, pasado y presente, están inextricablemente unidos.

Fig. 4.- Bogo Bambush, una mujer komo, fumando su pipa de calabaza.

La arqueología del presente, como tal arqueología, es una disciplina histórica. Un concepto clave a este respecto es el de genealogía, que viene a reemplazar el más común de biografía utilizado por los etnoarqueólogos y antropólogos (Kopytoff, 1986). La biografía se refiere a la vida específica de un determinado objeto, por ejemplo, una cerámica—desde el momento que se acude a la mina de arcilla para buscar la materia prima hasta que se abandona la cerámica usada y rota. Uno de los objetivos principales de la arqueología del presente es trascender la biografía del artefacto y analizar las intrincadas relaciones históricas entre personas y cosas. Para ello, es necesario entender a las comunidades en perspectiva y en un contexto más amplio. Las culturas que estudiamos no han permanecido aisladas e inalteradas durante milenios, por muy arcaicos que nos parezcan los atuendos, las cerámicas o las viviendas. La arqueología del presente trata de entender el cambio, el contacto cultural y la hibridación.

La arqueología del presente es también una etnografía: una descripción de sociedades vivas, pero no es una etnografía convencional, sino una etnografía de la materialidad. Tiene en cuenta todo aquello que la antropología suele dejar de lado, pero que interesa mucho a la arqueología: las cosas en sí mismas. Casas, tumbas, cerámicas, hachas, graneros, caminos y azadas son mucho más que meros índices sociales: son una parte fundamental e inseparable de la vida de la gente. Los primeros antropólogos lo entendieron muy bien y se encargaron de documentar los detalles más nimios de las culturas que estudiaban (desde la forma de anudar una hamaca hasta la decoración monumental de las casas rituales), pero a partir de los años 20 esta tendencia fue quedando progresivamente marginada (Lemonnier, 1992, 11). La arqueología del presente pretende recuperar y ampliar esa sensibilidad por lo material de las primeras etnografías. En la mayor parte de las etnografías del último medio siglo da la impresión de que podríamos situar a los sujetos estudiados en cualquier escenario, en cualquier aldea del mundo y utilizando cualquier tipo de objetos. La función de la arqueología del presente es, por tanto, devolver la experiencia real y directa del mundo a la etnografía: demostrar que las aldeas son mucho más que un escenario en el que se desarrolla el drama social.

Finalmente, la arqueología del presente es una arqueología política. Los etnoarqueólogos raramente dejan traslucir en sus escritos conciencia alguna respecto a la situación de los pueblos que estudian, pese a que esa situación es, con frecuencia, grave, en términos de desestructuración social, marginalidad e impotencia frente a los embates del estado nacional y la globalización. Los antropólogos, por su parte, tienen mayoritariamente a una actitud francamente positiva ante la globalización (Rosaldo e Inda, 2002). Caracterizados al mismo tiempo por la amnesia histórica y la ceguera política, los antropólogos, especialmente anglosajones, celebran la diversidad y el mestizaje cultural que favorece la globalización y se olvidan de las brutales injusticias que extiende por todo el mundo. Al centrar todo su interés en la cultura, se olvidan de la política y de la economía. El cambio que viven muchas sociedades tradicionales no tiene nada de natural e inevitable y poco de positivo, al contrario de lo que pretenden muchos antropólogos. Es un cambio traumático, impuesto por las sociedades dominantes y el capitalismo.

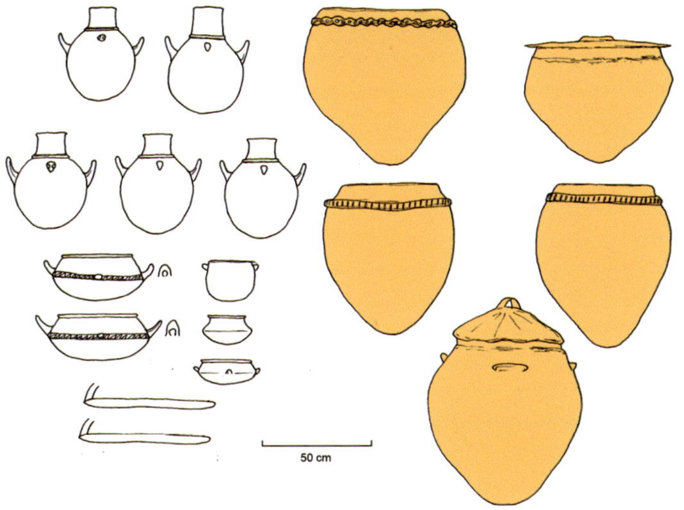


Fig. 5.- Inventario de cerámica en una casa agaw (Manjari): los grandes recipientes (derecha, color naranja) se compran a las alfareras gumuz.

En Brasil, donde colaboro en un proyecto etnoarqueológico sobre un grupo de cazadores-recolectores, los awá (Hernando *et al.*, 2006), esta realidad se advierte especialmente bien. La forma de contacto de los awá con el resto del mundo entre los años 70 y 80 del siglo pasado fue en forma de ocupación de sus tierras, motivada por intereses económicos nacionales y globales. Hasta 1973 habían permanecido completamente aislados en la selva amazónica. A partir de entonces, el pueblo awá fue diezmado y recluido en reservas, donde hoy vive todavía, en un grave proceso de desestructuración social y sometido a invasiones de campesinos empobrecidos y madereros (fig. 2). La arqueología y la etnoarqueología han contribuido tradicionalmente a describir a los grupos preindustriales como reliquias del pasado y en cierta manera han justificado, de forma más o menos inconsciente, el tratamiento que se les ha dado por parte de las sociedades modernas (Hernando, 2006). La arqueología del presente toma una postura crítica ante esta situación e incorpora como parte de sus objetivos abordar cuestiones relacionadas con la globalización, la violencia política, los programas de desarrollo o las injerencias estatales en la vida de las comunidades que estudia.

**Arqueología del presente en la frontera de Sudán y Etiopía**

Desde el año 2001 trabajo en el occidente de Etiopía con diversas comunidades tradicionales. Progresivamente mi investigación ha ido dejando de ser etnoarqueológica, en el sentido clásico del término, y se ha ido convirtiendo en una arqueología del presente (González Ruibal, 2005, 2006c). La complejidad cultural e histórica de la zona, los problemas sociales y políticos que he ido descubriendo y mis propias convicciones personales me han obligado a cambiar los objetivos de la investigación. De todos modos, estudiar comunidades vivas es siempre problemático, porque implica una cosificación del sujeto estudiado. Trabajar con grupos del Tercer Mundo es doblemente problemático, por la inmensa e insalvable asimetría que marca toda la relación entre el investigador y el sujeto investigado. No existe, por lo tanto, una forma cómoda y políticamente correcta de realizar trabajo de campo. Las dificultades son tan grandes que muchos antropólogos han decidido abandonar la investigación con comunidades no modernas y prefieren investigar sólo sociedades industriales (Augé, 1995). Sin embargo, uno de los atractivos originales de la antropología era el conocer otras formas de ver y vivir el mundo: la diversidad de la experiencia humana.

Fig. 6.- Casas agaw en una aldea multiétnica de mayoría gumuz (Manjari).

Diversidad es precisamente lo que caracteriza la amplia franja de frontera que separa (o más bien une) Sudán y Etiopía. Como tantas áreas fronterizas, posee una larga historia de invasiones, intercambios, resistencias y mestizaje. Mi investigación actualmente se centra precisamente en comprender, desde una perspectiva arqueológica y dando prioridad a la cultura material, la complejidad de interacciones culturales entre una diversidad de etnias y formaciones políticas, en el presente y en el pasado.

No es un trabajo fácil. Oficialmente se reconocen en la región donde trabajamos (Benishangul-Gumuz) cinco etnias indígenas: berta, gumuz, shinasha, mao y komo (figs. 3 y 4). A ellas hay que añadir tres grandes grupos étnicos que han llegado en momentos más recientes a la región: amhara, oromo y agaw. En sí, una zona con ocho grupos étnicos es una zona culturalmente compleja. Pero a ello hay que añadirle dos hechos: primero, que los grupos pertenecen a tradiciones culturales sumamente distintas (algunos son semitas, otros nilo-saharianos, otros omóticos) y, segundo, que bajo las etiquetas étnicas que reconoce el Estado se oculta una mayor variedad de culturas. En este contexto, el mundo material puede ser un elemento fundamental para construir identidad, facilitar las relaciones étnicas o crear barreras.

Un buen ejemplo de cultura material como articuladora de relaciones interétnicas es el de las bebidas alcohólicas. En todo el Cuerno de África se fabrican cervezas y licores caseros de distintos tipos. En la zona de la frontera, los gumuz de Metekel, fabrican grandes contenedores cerámicos (*tich'a*) adecuados para la fermentación de las bebidas. Sus vecinos agaw, procedentes del altiplano etíope, compran estos contenedores cerámicos a los gumuz (fig. 5) y fabrican bebidas alcohólicas en ellos. Posteriormente venden el alcohol a los gumuz, quienes a su vez invitan a sus vecinos agaw a beber. Lo que es interesante es que los agaw saben fabricar contenedores para cerveza: al fin y al cabo los hacían en su lugar de origen. Los gumuz también saben preparar alcohol. El adquirir algo que ya se tiene o que se sabe hacer a otra comunidad puede ser una forma de establecer vínculos sociales. La cultura material – el alcohol y la cerámica para fabricarlo – se convierte de este modo en un medio privilegiado de relación entre etnias, una relación que no es en absoluto sencilla, como demuestran las masacres ocurridas hace pocos años (Wolde-Selassie Abbute, 2004). No obstante, la cultura material puede ser una forma de crear diferencia también. En una aldea interétnica de la región de Metekel (Manjari), los agaw recién llegados han erigido un barrio en una zona marginal y con una forma de organización que claramente refuerza los vínculos intraétnicos y los separa de los gumuz. Frente al plano disperso que caracteriza a los poblados agaw en su tierra de origen, en Manjari los muros perimetrales, la densa ocupación del barrio y la orientación de las casas contribuyen a crear un sentimiento de seguridad e identidad compartida en una zona extraña (fig. 6). No se trata simplemente de que a través de la organización del espacio transmitan un mensaje de identidad étnica a los gumuz. Lo interesante está en que la construcción de la aldea *construye a su vez* a los agaw, al condicionar sus vidas, su experiencia social y sus relaciones con los demás.

Fig. 7.- Una alfarera mao-kwama vende sus cerámicas. En Mus'a Mado distintos grupos étnicos (oromo, bertha y mao) compran los productos de las alfareras de Boshuma, aunque los mao son quienes más vasijas de esta procedencia adquieren. Fotografía del Servicio de Cultura del Estado Regional de Benishangul-Gumuz.

Otro ejemplo interesante es el de los mao que viven en aldeas al sur y al este de la ciudad de Bambasi. En realidad, aunque se utiliza una denominación única para referirse a ellos, los mao pertenecen a grupos culturalmente muy diferentes: los que viven en la aldea de Mus'a Mado, por ejemplo, hablan una lengua omótica y llegaron a esta zona en algún momento de la Edad Media procedentes del sur de Etiopía. Los de Boshuma, en cambio, son nilo-saharianos: su presencia en la región se retrotrae a momentos remotos de la Prehistoria. Por su lengua y cultura los mao de Boshuma se relacionan con el grupo kwama/gwama que vive más al sur. A pesar de poseer una lengua y una cultura distintas, los mao de Bambasi insisten, para perplejidad del antropólogo, en que constituyen un solo grupo. Esta identificación no es del todo incomprensible: al ser comunidades muy minoritarias y tradicionalmente desposeídas por etnias dominantes, la presentación de una identidad unificada puede ser una forma de hacerse fuertes y visibles. La cultura material, nuevamente, constituye un elemento relevante para reforzar vínculos: los mao de Mus'a Mado compran la cerámica mayoritariamente a los mao de Boshuma (fig. 7) en el mercado de Bambasi, más que a otras etnias con las que conviven. El atuendo de las mao de ambas aldeas es también semejante: aunque muy influido por el de las mujeres oromo, de la etnia dominante, tiene rasgos peculiares: un elemento de identidad importante entre las mujeres son los pendientes, grandes aros de níquel decorados con motivos geométricos incisos. Este tipo de pendientes es característico de todos los grupos nilo-saharianos de la zona y los mao omóticos de Mus'a Mado los han adoptado como propios (fig. 8). La profusión de collares de gruesas cuentas, antes de ámbar y pasta vítrea, hoy de plástico amarillo, y los brazaletes metálicos también une a las mao de Boshuma y a las de Mus'a Mado. Es significativo que algunos objetos que definen la identidad de un grupo en realidad sean fabricados por otro: es el caso de las cerámicas de Boshuma que se consumen en Mus'a o los brazaletes y pendientes que con frecuencia los fabrican metalúrgicos oromo. Un aspecto sobre el que conviene llamar la atención es el de las técnicas del cuerpo, como las llamaba Marcel Mauss, o la hexis corporal, en palabras de Pierre Bourdieu. El cuerpo es cultura material también y, en consecuencia, el modo de usarlo cambia de unas sociedades a otras. La forma de llevar a los niños o de transportar agua varía enormemente: desde este punto de vista, los mao de Mus'a Mado y los de Boshuma son más semejantes entre ellos que respecto a los oromo con quienes conviven, pese a la gran influencia de los oromo desde hace siglos en la cultura de sus vecinos (fig. 9).

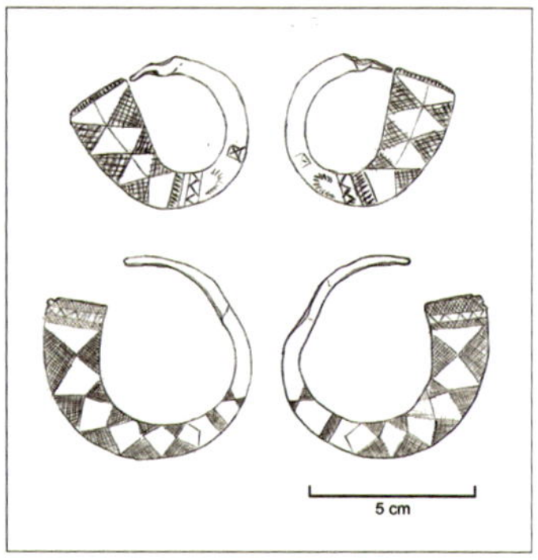


Fig. 8.- Mujer mao de Mus'a Mado con pendientes de níquel gumuz. Fotografía de Víctor M. Fernández Martínez y dibujo de Álvaro Falquina Aparicio.

Desde los años 80 ha habido bastante tendencia entre los arqueólogos a considerar que la cultura material se utiliza activamente para marcar la identidad, sea étnica o de otro tipo (Hodder, 1982a, b). Actualmente somos más conscientes de que la relación con los objetos es menos unidireccional (Lemonnier, 1992; Olsen, 2007): nosotros creamos cultura material y la cultura material nos crea a nosotros simultáneamente, nos hace ser quien somos y condiciona nuestra forma de experimentar el mundo. Con frecuencia la gente no utiliza los objetos para manifestar una determinada identidad o una ideología. Sería difícil afirmar que los mao recurren conscientemente a determinados elementos para diferenciarse de los oromo, por ejemplo, aunque es posible que así suceda en determinados contextos. Por lo general, este tipo de comportamientos resultan difíciles o imposibles de verbalizar.

Fig. 9.- Mujeres mao de Boshuma durante una reunión. A pesar de la incorporación de elementos materiales oromo y panislámicos (como el velo), la forma de vestir, de sentarse y de llevar a los niños constituyen técnicas del cuerpo que singularizan a las mao.

Por ese mismo motivo, estudiar la cultura material puede resultar interesante para acceder a cuestiones que escapan lo consciente, aquellas cosas de las que se es capaz de hablar – o de las que es socialmente lícito hablar: conflictos, problemas, inseguridades, miedos. Ian Hodder (1991) ya señaló esta realidad al analizar las calabazas ilchamus de Kenya, las cuales, según el arqueólogo, expresan el conflicto de género inherente a la sociedad. Lo que pasa es que esta capacidad de la cultura material para articular lo que no puede verbalizarse es bastante más inconsciente de lo que los arqueólogos posprocesuales están dispuestos a admitir. La organización del espacio doméstico entre los gumuz de Metekel, por ejemplo, con sus planos laberínticos y sus múltiples cercados, todavía materializa el terror ante las razzias esclavistas, lo que no quiere decir que los gumuz tengan ninguna intención en expresar un mensaje sobre este hecho histórico: la organización del espacio y la arquitectura de las casas (con una puerta trasera) se explican como mecanismos para retrasar la llegada de los esclavistas y facilitar la evacuación de la aldea. En su vida diaria, los gumuz conviven, material pero inconscientemente, con el fantasma de la esclavitud, el cual constituye parte de su ser actual y de su forma de ver el mundo.

Fig. 10.- Granero gumuz con decoración, Manjari (Metekel).

Otro ejemplo interesante es el de los graneros. Los hombres gumuz construyen los graneros con bambú entrelazado, pero los decoran las mujeres con barro. Los adornos suelen representar el cuerpo femenino (especialmente el pecho y las escarificaciones) y están claramente relacionados con la fertilidad. Es significativo que donde hay una mayor profusión y variedad de decoraciones sea en las zonas más multiétnicas y conflictivas (fig. 10), donde a veces se introducen elementos ajenos a la tradición, como órganos sexuales masculinos. Este es el caso de la aldea de Manjari (Metekel), donde la desestructuración social ha sido marcada desde finales de los años 80—debido al reasentamiento de gentes venidas de otros lugares y a programas de desarrollo de gran impacto. Esta desestructuración se manifiesta en la violencia intraétnica (es decir, luchas entre los propios clanes gumuz) y en la agresión contra las mujeres (hay una alta tasa de suicido femenino). Posiblemente, las mujeres se relacionan con el conflicto a través de los graneros, aunque ellas, naturalmente, nunca lo expresarían así. El hacer cosas nos hace como personas (Dobres, 2000), si nuestro ser social está en crisis, nuestra forma de hacer las cosas ha de alterarse necesariamente.

Lo que hemos visto hasta ahora son simplemente algunos de los muchos temas que la arqueología del presente nos permite tratar en la frontera etíope-sudanesa.

## Conclusión

La arqueología del presente es una forma menos colonial y más comprometida de llevar a cabo trabajo etnoarqueológico. Es una práctica que se preocupa por comprender las culturas locales, su contexto histórico y sus problemas políticos en el presente. Por supuesto, la arqueología aquí propuesta puede ser una fuente de reflexión importante para otros arqueólogos. En el caso concreto que se ha expuesto, se abordan cuestiones que tienen que ver con procesos de contacto cultural, hibridación, identidad étnica, tecnología y sociedad y organización del espacio doméstico, que son temas todos ellos que interesan a los arqueólogos en la actualidad. Al fin y al cabo, conocer otras culturas, otras experiencias sociales, otras formas de hacer las cosas es absolutamente fundamental para poder entender a los pueblos del pasado, cuya existencia no se rigió por nuestras categorías modernas de pensamiento. Como arqueólogos podemos encontrar inspiración en la antropología y en la historia. La ventaja de una arqueología del presente es que su punto de partida, como en el resto de la arqueología, es la cultura material.

Desgraciadamente, la arqueología del presente, como la etnoarqueología, es una tarea de urgencia: de todos los elementos de la cultura, el mundo material es el que se transforma más rápidamente y de forma más drástica bajo la presión de la modernidad, aunque parezca paradójico. Los mitos y las leyendas se pueden transmitir durante generaciones, incluso cuando una sociedad se ha transformado radicalmente. Cómo hacer una cerámica o fabricar un arco, son conocimientos frágiles que se pierden para siempre cuando los objetos fabricados industrialmente hacen desaparecer las artesanías tradicionales.

**Bibliografía:**


AUGÉ, M. (1995): *Hacia una antropología de los mundos contemporáneos*. Gedisa, Barcelona.

CLARK, J.E. (1991): "Flintknapping and debitage disposal among the Lacandon Maya of Chiapas, Mexico". En E. Staski y L.D. Sutro, (eds.), *The ethnoarchaeology of refuse disposal*. Arizona State University, Tucson, 63-81.

DAVID, N. y KRAMER, C. (2001): *Ethnoarchaeology in action*. Cambridge University Press, Cambridge.

DEAL, M. (1998): *Pottery ethnoarchaeology in the Central Maya Highlands*. The University of Utah Press, Salt Lake City.

DOBRES, M. A. (2000): *Technology and social agency*. Blackwell, Londres.

DOMÍNGUEZ-RODRIGO, M. (2002): "Hunting and scavenging by early humans". *Journal of World Prehistory*, t. 16, nº 1, 1-54

EDMONDS, M. (1999): *Ancestral geographies of the Neolithic: Landscapes, monuments and memory*. Routledge, Londres.

FORBES, H. (2007): *Meaning and identity in a Greek landscape: an archaeological ethnography* . Cambridge University Press, Cambridge.

GEERTZ, C. (1973): *The interpretation of cultures*, Basic Books, New York.

GONZÁLEZ RUIBAL, A. (2003): *La experiencia del Otro. Una introducción a la etnoarqueología*, Akal, Madrid.

GONZÁLEZ RUIBAL, A. ( 2005): "Etnoarqueología de la cerámica en Etiopía". *Trabajos de Prehistoria*, t. 63, nº 2, 41-66.

GONZÁLEZ RUIBAL, A. (2006a): "The past is tomorrow. Towards an archaeology of the vanishing present". *Norwegian Archaeological Review*, t. 39, nº 2, 110-125.

GONZÁLEZ RUIBAL. A. (2006b): "El giro poscolonial: hacia una etnoarqueología crítica". En Departament d'Arqueologia i Antropologia. Institució Milà i Fontanals - CSIC (eds.),

*Etnoarqueología de la Prehistoria: Más allá de la analogía.* Treballs d'Etnoarqueologia, 6, CSIC, Madrid, 41-59.

HAYDEN, B. y CANNON, A. (1983): "Where the garbage goes: refuse disposal in the Maya Highlands". *Journal of Anthropological Archaeology*, t. 2, nº 2, 117-163.

HERNANDO GONZALO, A. (1995): "La Etnoarqueología, hoy: una vía eficaz de aproximación al pasado". *Trabajos de Prehistoria*, t. 52, nº 2, 15-30.

HERNANDO GONZALO, A. (2006): "Arqueología y globalización: el problema de la definición del "otro" en la postmodernidad". *Complutum* nº 17, 221-234.

HERNANDO GONZALO, A., COELHO, E.B., POLITIS, G., O'DWYER, E.C. y GONZÁLEZ RUIBAL, A. (2006): "Historia reciente y situación actual de los awá-guajá (Maranhão, Brasil)". *Anales del Museo de Antropología*, nº 12, 9-23.

HODDER, I. (1982a): *Symbols in action. Ethnoarchaeological studies of material culture*, Cambridge University Press, Cambridge.

HODDER, I. (1982b): *The present past. An introduction to anthropology for archaeologists.* Batsford, Londres.

HODDER, I. (1991): "The decoration of containers: an ethnographic and historical study". En W.A. Longacre (ed.), *Ceramic ethnoarchaeology*, University of Arizona Press, Tucson, 71-94.

KOPYTOFF, I. (1986): "The cultural biography of things: Commoditization as process". In Arjun Appadurai (ed.), *The social life of things: Commodities in cultural perspective*, Cambridge University Press, Cambridge, 64-91.

LEMONNIER, P. (1992): *Elements for an anthropology of technology. Museum of Anthropology.* The University of Michigan Press, Ann Arbor.

NELSON, M.C. (1987): "Site content and structure: metate quarries and workshops in the Maya Highlands". En B. Hayden (ed.), *Lithic studies among contemporary Highland Maya*, University of Arizona Press, Tucson, 120-147.

LUBBOCK, J. (1875) [1865]: *Prehistoric times, as illustrated by ancient remains and the manners and customs of moderns savages*, D. Apletton and Co, Nueva York.

OLSEN, B. (2007): "Genealogías de la asimetría: por qué nos hemos olvidado de las cosas". En A. González Ruibal (ed.): Arqueología simétrica: un cambio teórico sin revolución paradigmática. *Complutum* nº 18, 287-291.

PARKINSON, W.A. (2002): *The archaeology of tribal societies, International Monographs in Prehistory*, Ann Arbor (Michigan).

RATHJE, W. y MURPHY, C. (1992): *Rubbish! The archaeology of garbage.* Arizona University Press, Tucson.

ROSALDO, R. y INDA, J. X. (eds.) (2002): *The anthropology of globalization. A reader.* Blackwell, Oxford, Malden (Massachussets).

ROUX, V. (2007): "Ethnoarchaeology: a non historical science of reference necessary for interpreting the past". *Journal of Archaeological Method and Theory*, t. 14, nº 2, 153-178.

THOMAS, J. (2000): "Death, identity and the body in Neolithic Britain". *Journal of the Royal Anthropological Institute* t. 6, nº 4, 603-17.

TILLEY, C. (1994): *A phenomenology of landscape.* Berg, Oxford.

TILLEY, C. (1996): *An etnography of the Neolithic: early prehistoric societies in Southern Scandinavia.* Cambridge University Press, Cambridge.

VILA i MITJÁ, A. (2004): "Proyectos etnoarqueológicos en Tierra del Fuego (Argentina)". *Bienes Culturales. Revista del Instituto del Patrimonio Histórico Español*, nº 3, 193-200.

VILA i MITJÁ, A. (2006): "Propuesta de evaluación de la metodología arqueológica". En Departament d'Arqueologia i Antropologia. Institució Milà i Fontanals - CSIC (eds.): *Etnoarqueología de la Prehistoria: Más allá de la analogía*, Treballs d'Etnoarqueologia, 6, CSIC, Madrid, 61-76.

WILK, R. R. (1983): "Little house in the jungle: the causes of variaton of house size among modern Kekchi Maya". *Journal of Anthropological Archaeology*, t. 2, nº 2, 99-116.

WOLDE-SELASSIE A. (2004): *Gumuz and highland resettlers: Differing strategies of livelihood and ethnic relations in Metekel, Northwestern Ethiopia.* Lit, Münster.

# EL PAPEL DE LA FOTOGRAFÍA EN EL ENCUENTRO CON EL OTRO

JOSÉ Mª AZKÁRRAGA

...there is nothing transparent or inherently truthful in the world of images.

*Gustavo E. Fischman*

Cuando en 1839 el físico François Arago presentó la fotografía como el gran invento de Daguerre ante la Academia de Ciencias en París, ya vislumbraba la amplia utilidad que iba a tener en todos los campos del conocimiento. Incluso tuvo palabras para referirse a la arqueología expresando que "…. para copiar los millones y millones de jeroglíficos que cubren, en el exterior incluso, los grandes monumentos de Tebas, de Menfis, de Karnak, etc. ... se necesitarían veintenas de años y legiones de dibujantes. Con el daguerrotipo, un solo hombre podría llevar a buen fin ese trabajo inmenso...." (en Figuier, 1851, 57 ). Unos meses antes, en la *Gazette de France* del 6 de enero, se habían pronosticado los beneficios de aquel invento para los viajeros: "pronto podréis adquirir, quizás a un costo de algunos cientos de francos, el aparato inventado por Daguerre, y podréis traer a Francia los más famosos monumentos y paisajes del mundo entero" (en Newhall, 2002, 19). Y pocos años después, a partir de 1845, esta cámara oscura capaz de capturar y fijar imágenes, fue incorporada al equipo de todo tipo de científicos, incluyendo aquellos que realizaban trabajo de campo como arqueólogos y antropólogos, que la utilizaron para registrar datos visuales y ampliar así los conocimientos sobre el mundo. Las primeras cámaras que salieron al mercado tenían un precio elevado, pero para quien podía permitirse el lujo de viajar a mediados del siglo XIX no era el precio el mayor problema. Como expresó Maxime du Camp, compañero de Flaubert en su viaje por Egipto durante el año 1849: "Aprender como tomar una fotografía no es demasiado trabajoso, pero transportar todo el equipo necesario a lomos de una mula o de un camello, o a la espalda de un hombre es ciertamente duro" (en Frizot, 1998, 158).

De todas formas, a pesar de la aparatosidad en tamaño y en peso de cámaras, trípodes y todo tipo de accesorios, y a pesar del engorroso procedimiento químico que suponía el revelado de aquellas primeras placas, no fueron pocos los exploradores y viajeros que sobrecargaron su equipaje con todos los útiles necesarios para fotografiar los lugares y las gentes de países exóticos y lejanos. Desde instancias oficiales de diferentes países se dieron instrucciones a "...cónsules, jefes de expediciones, gobernadores y comandantes navales, diseminados por el mundo entero, para realizar -a expensas del presupuesto nacional- fotografías (de frente, de espaldas y de perfil) de hombres y mujeres de todo tipo de razas...y ejecutarlas sobre una escala uniforme de acuerdo con las reglas de medición..." (Maury *et alii*, 1857, 609).

En aquellos años, donde la fotografía y la antropología moderna iniciaban su andadura, no era sólo el peso del equipo, superior a una tonelada en algunas expediciones, el único inconveniente. También las condiciones técnicas eran determinantes a la hora de establecer las limitaciones de las fotografías. Las primeras emulsiones fotosensibles necesitaban de un largo periodo de exposición a la luz para que la imagen se impresionara, de modo que las escenas que se pretendían captar, si estas incluían personas, debían disponerse de forma tal que los sujetos fotografiados pudieran mantener una postura estable e inmóvil durante varios segundos. De hecho, incluso en el trabajo de campo, llegaban a colocarse soportes que facilitaban el estatismo y, como consecuencia, mejoraba el resultado final de la toma al disminuir la borrosidad provocada por el movimiento frente a la cámara. Estas posturas "congeladas" convertían a las imágenes en una especie de dioramas donde, a veces, la única espontaneidad quedaba relegada a las miradas entre orgullosas y temerosas de los nativos fotografiados. Nativos que, en un primer momento fueron fotografiados con un mero interés antropométrico, forzados a situarse en posturas poco naturales junto a metros y escalas que indicaban sus tamaños y proporciones. En 1896 aparece publicado en el *Journal of the Anthropological Institute of Great Britain and Ireland* un artículo, escrito por M. V. Portman, titulado "Photography for Anthropologist", donde se dan indicaciones precisas (y muy reveladoras sobre el tipo de relación "colonizante" establecida entre el foto-antropólogo occidental y el modelo "salvaje") del planteamiento de las fotografías. Podemos leer en este artículo párrafos como el que sigue:

> "Respecto a la fotografía de las razas salvajes, los siguientes consejos pueden ser de utilidad. Es absolutamente necesario ser paciente con los modelos y no tener ninguna prisa. Si un sujeto es un mal modelo y no se dispone de una cámara manual, lo mejor es prescindir de él y buscar otro, pero no hay que perder nunca la calma y decirle a un salvaje que piensas que es estúpido y que haciendo el tonto puede irritarte y retrasar tu trabajo, ni tampoco que estás dispuesto a sobornarle para que se calle. Antes de hacer posar a un grupo de salvajes, hay que fijar la cámara (salvo si se trabaja con una cámara manual, obviamente) y enfocar el punto en el que se van a colocar. Es fácil hacerlo marcando en el suelo el espacio en el que van a situarse los modelos y enfocando directamente a un trozo de madera o a una piedra. El portaplacas debe estar montado y todo dispuesto para que, en cuanto los

sujetos se coloquen satisfactoriamente se pueda retirar la tapa del objetivo y se produzca la exposición. La etnología requiere precisión. No se busca una iluminación delicada ni una fotografía pintoresca; lo importante es que la iluminación general sea correcta y que un arma o una pierna inoportuna no oculten objetos importantes" (Portman, 1896, 79-80).

También en este texto, el autor se extiende sobre las características del equipo fotográfico que debe llevar un antropólogo, recomendando cámaras como la Meagher (fabricada en Londres en 1889) con unas medidas de 38,1 x 30,48 cm, lentes como la Double Anastigmatic de Goerz, y listando toda una serie de elementos necesarios como placas, barniz para negativos, papel para copias, paños para el enfoque, tapas de los objetivos, nivel para la cámara, trípode con patas de una pieza, así como todos los accesorios y productos químicos para el revelado "in situ" de las fotografías. La fotografía, con estas premisas, no dejaba de ser una forma más de colonialismo, utilizando a los sujetos fotografiados como simples objetos de estudio y comparación, en un intento de afianzar una supuesta superioridad de la *raza blanca* para justificar las ocupaciones territoriales. E.F. im Thurn, explorador, fotógrafo y, posteriormente, gobernador inglés de las islas Fiji, propuso, utilizando crudas palabras y aprovechando un contexto técnico más favorable, un nuevo uso de la cámara más allá de la antropología física

Fig. 1.- Única fotografía publicada en el libro de Höhnel "Discovery of Lakes Rudolf and Stephanie", en 1894. En la foto aparece Teleki con salakof.

"…. para registrar con precisión, no los meros cuerpos de los hombres primitivos (que, para estos propósitos, se pueden fotografiar y medir con más precisión muertos que vivos, siempre que se puedan conseguir convenientemente en ese estado), sino la propia vida de esos pueblos. Ésta es de hecho una aplicación mucho más problemática, mucho menos puesta en práctica por los antropólogos, y me temo que muchos de ellos se mostrarán de entrada, inclinados a cuestionar su utilidad para la antropología, considerada como una ciencia exacta, tal y como es deseo de todos" (Thurn, im,1893, 184).

Esta propuesta de fotografiar algo más que cuerpos inmóviles, se apoyaba en un antecedente tecnológico: a finales de la década de 1880 los avances en la investigación química hicieron posible que la Eastman Dry Plate Company desarrollara y pusiera en el mercado emulsiones más sensibles y películas flexibles, inicialmente ligadas a un soporte de papel. Ambas características supusieron una enorme ventaja para todos aquellos fotógrafos obligados a transportar su equipo. La cámara se independizaba del trípode al disminuir el tiempo requerido para la exposición a la luz y, al mismo tiempo, dejaban de ser imprescindibles las pesadas y frágiles placas de vidrio, tan incómodas de transportar. Un nuevo término, el de instantánea, hace su entrada en el escenario de la fotografía. También se conseguía acortar el tiempo transcurrido entre dos fotografías seguidas: la película evitaba la lenta recarga de la cámara tras cada disparo. El acceso a una mayor espontaneidad se había convertido en una realidad. Es entonces, cuando los antropólogos empiezan a considerar un nuevo enfoque de lo visual y a valorar la fotografía como una herramienta imprescindible para su trabajo. Los antropólogos comienzan a usar la cámara como la utilizamos hoy día: como un instrumento familiar que facilita la exploración del mundo.

Sin embargo habrá que esperar a la década de los años 30 del pasado siglo para que la fotografía empleada por los modernos antropólogos reciba un mayor reconocimiento y adquiera un carácter científico y una mayor independencia de los textos y descripciones. A partir de entonces a las fotografías se les otorga voz propia y se considerarán material de estudio de primera mano. Entre los pioneros se encuentran el etnólogo francés Marcel Griaule, director de la Misión Dakar-Djibuti (1931-1932), y los antropólogos Margaret Mead y Gregory Bateson que a finales de los años 30 integran fotos y cine en un proyecto de investigación en Bali y Nueva Guinea. Griaule, discípulo de Marcel Mauss, llega a utilizar varias cámaras a la vez, realiza series para mostrar los procesos de fabricación de objetos y, en las acciones fotografiadas, llegará a actuar como un director de fotografía en un montaje cinematográfico a gran escala (López, 2007, 117). Mead y Bateson aplicarán un sistematismo esencialmente cuantitativo, llegando a producir más de 25.000 fotos y 6.000 metros de película (Bonte e Izard, 2005, 164). En su trabajo de Bali les interesaba la comunicación gestual y, evidentemente, la obtención de imágenes era esencial.

Fig. 2.- Portada del libro publicado en Bucarest con las fotos de la expedición de Teleki y Höhnel en el Valle del Omo. Año 1977.

**Primeras fotografías en el valle del Omo, el norte de Australia, y las tierras altas de Papúa**

Los primeros encuentros fotográficos en las regiones que nos ocupan se producirán entre 1887 y 1938, unos años ya alejados de los inicios tanto de la fotografía como de la antropología. En estas tres regiones los primeros occidentales que accedieron provistos de cámaras fotográficas coincidían en su interés prioritario por la naturaleza y por carecer de una formación específica en el campo de la antropología y, a excepción de Baldwin Spencer, también en el de la fotografía. Para estos primeros exploradores la cámara era una simple herramienta auxiliar sin un propósito claramente definido. Ninguno de ellos aparece citado en las historias al uso de la fotografía y tampoco en las historias de la antropología. A pesar de ello, y como afirma Demetrio Brisset, "tanto las fotos obtenidas en investigaciones etnográficas como las procedentes de cualquier autoría para usos diversos, pueden aportar valiosas informaciones culturales, siempre que se las sepa interrogar adecuadamente" (Brisset, 2004, 1). Cabe recordar que vivimos un momento de puesta en valor de un tipo de fotografía antigua que, realizada sin grandes pretensiones, incluso en el ámbito doméstico o en el estudio fotográfico rural, aporta un acceso a la comprensión del pasado a través de la simple visualización de rostros, posturas, actitudes, ropas y otros objetos materiales.

### *El valle del Omo (1887-1888)*

En el caso de los pueblos del valle del río Omo la historia fotográfica se inicia con la expedición del conde húngaro Samuel Teleki, en 1887. A Teleki, que en un principio tenía como objetivo organizar un recorrido cinegético, le convenció el oficial naval austriaco Ludwig Ritter von Höhnel para reorientar la expedición hacia fines geográficos. Su viaje se convirtió en la exploración austrohúngara de mayor éxito por tierras africanas, llegando a descubrir para el mundo occidental el lago Turkana (bautizado entonces como lago Rodolfo en honor al príncipe heredero de Austria). En sus más de 3.000 km recorridos por una región que hoy se reparten entre Etiopía y Kenia, Teleki y Höhnel recogieron muestras y datos sobre la fauna, la flora y el clima, y reunieron una colección de más de 400 objetos etnográficos (Borsos, 2005). Pero lo que resulta más interesante en el contexto de este artículo es que establecieron contacto por primera vez con algunas tribus del valle del río Omo y que fueron los pioneros en el uso de la fotografía en aquella zona. De las fotografías son autores el mismo Teleki, Höhnel y un acompañante africano (caso inédito en el que un "no blanco" hacía uso de la cámara). De estas fotografías, que se repartieron entre los dos europeos al término de la expedición, sólo se publicó una en la obra en dos volúmenes donde Höhnel, en 1894, da cuenta de los avatares y los logros de su viaje (fig. 1). Ahora bien, como era muy común en la época dada la dificultad de conseguir unas impresiones de calidad del material fotográfico, se utilizaron como base de los grabados, mucho más fáciles de imprimir, que ilustran el libro. Las dos partes en las que quedó dividida la colección de fotos sufrieron suertes distintas. Las fotos que habían quedado en poder de Höhnel fueron destruidas durante la Segunda Guerra Mundial, mientras que la colección que guardaba Teleki en el castillo de su familia fue recuperada en los últimos años de la década de 1940 y publicada en 1977 por Lajos Erdélyi (fig. 2). Estas fotografías fueron hechas en un tiempo de avances técnicos que facilitaban el uso de la cámara y, en cierta medida, pueden considerarse precursoras de la moderna fotografía de viaje. No se limitan a los paisajes e incluyen escenas con grupos humanos donde ha desaparecido la excesiva teatralización en el posado.

Fig. 3.- Jóvenes aborígenes danzando después de la extracción de un diente. Spencer y Gillen, 1901.

Los dos autores que han publicado sobre esta colección, Borsos y Erdélyi, coinciden en adjudicar a estas fotografías un nivel de calidad alto, a pesar de que mantienen alguna discrepancia. Para Erdélyi las fotos de la expedición de Teleki son las primeras de la exploración del África ecuatorial, mientras que Borsos, sin desmerecer la calidad y el interés de esta colección, cita otras expediciones y concede al viaje del famoso Dr. Livingstone entre 1858 y 1864, el mérito de ser la primera exploración africana que hace uso de la fotografía. En el relato publicado del viaje del Dr. Livingstone (Livingstone y Livingstone, 1865) sucede lo mismo que con el libro de Höhnel: las imágenes que acompañan al texto son grabados, aunque muchos de ellos han sido dibujados a partir de fotografías.

### *El norte de Australia (1901 y 1912)*

Treinta años antes del uso sistemático de las imágenes por parte de los antropólogos, el biólogo y explorador Baldwin Spencer, junto con su socio y amigo Frank Gillen, un empleado de telégrafos, se adelantarán a su tiempo haciendo un uso moderno y exhaustivo de la herramienta fotográfica. En sus viajes de 1901 y 1912 por las tierras del norte de Australia llegarán a utilizar más de 2.000 m de película para filmar y fotografiar la vida diaria y ceremonial de los aborígenes. Spencer mantuvo un registro diario de todas sus observaciones hasta el punto de pretender construir, en línea con su formación original como científico, una historia natural de esa sociedad. Su fotografía inicia la línea del documentalismo que años más tarde emprenderán reporteros de todo el mundo. Manejan la cámara de una forma radicalmente novedosa, fotografiando las mismas escenas desde ángulos diferentes y recogiendo series y secuencias fotográficas de procesos (construcción de herramientas, elaboración de cuerdas, encendido del fuego, etc.) y de ritos ceremoniales diversos (fig. 3). Además hacen un buen uso de los diafragmas para ejercer un control sobre la profundidad de campo, disminuyéndola en los retratos para desenfocar el fondo y así centrar la atención en las personas fotografiadas, y aumentándola en los paisajes. También consiguen una amplia gama tonal en sus negativos, lo que permite mostrar los rostros con todo detalle a pesar de las dificultades que entraña fotografiar a personas de piel oscura a pleno sol. Estas colecciones de fotografías son poco conocidas fuera de Australia. Allí se encuentran archivados los miles de negativos de los dos autores: en el South Australian Museum de Adelaida las de Gillen, y en el Victoria Museum de Melbourne las realizadas conjuntamente por Spencer y Gillen. Con fotografías de esta última colección se ha publicado recientemente (Batty *et alii*, 2005) un libro donde se puede comprobar la frescura de unas imágenes que no han envejecido a pesar del tiempo transcurrido (fig.4).

Fig. 4.- Libro publicado en Australia (2005) con una selección de las fotos de Spencer y Gillen.

Spencer y Gillen no son los primeros en fotografiar aborígenes australianos. Unos años antes, en el sur, el fotógrafo de origen alemán John W. Lindt había realizado un trabajo, con unas características muy diferentes, cuya comparación resulta muy ilustrativa. Lindt, para facilitar la obtención de las fotografías y mejorar el control técnico de la toma, trasladó a los aborígenes a un estudio donde recreó, incluso con plantas recogidas del entorno real, escenarios de la vida cotidiana aborigen. Frente a un fondo artificial y sobre un suelo de madera sobre el que se esparcía hojarasca, se disponían, a modo de grupo escultórico, uno o varios aborígenes junto a utensilios diversos y armas, llegando a recrear, incluso, escenas de caza (fig. 5). Muchas de estas fotografías aparecieron en el *Picturesque Atlas of Australasia* (1886-1888), una publicación por fascículos de gran éxito y difusión en aquellos años. Las fotos de Lindt, calificadas por Tony Hughes-d'Aeth (1999), de ingénuas y siniestras al mismo tiempo, sirven a una visión "extincionista" de los aborígenes. Junto a ellas aparecen afirmaciones como ésta: "Dondequiera que los negros australianos han entrado en contacto con el hombre blanco, se están extinguiendo rápidamente".... "su extinción final de la escena parece ser sólo una cuestión de tiempo" (Garran, 1886, 714). Por el contrario, las fotografías de Spencer y Gillen, enclavadas en lo que González Alcantud

Fig. 5.- Escena con aborígenes recreada en el estudio del fotógrafo. Obsérvese el uso artificial de pieles para cubrirse . J. W. Lindt. c.a. 1873.

(1999, 39) considera como "fotografía expedicionaria nativista", centran su interés en el comportamiento colectivo, están tomadas directamente en el entorno natural y rompen con el hieratismo anterior. Lástima que sus fotos, al contrario de las de Lindt que llegaron a exhibirse en Nueva York, no tuvieran, en aquellos años, un eco y un reconocimiento fuera de Australia. Hubieran supuesto una renovación en las formas de mirar.

### *Las Tierras Altas de Papúa (1938 y 1961)*

Corre el año 1938. La fotografía se ha convertido en una práctica social extendida y divulgada por numerosos medios impresos. Grandes fotógrafos han recorrido un mundo lleno de conflictos. Cartier-Bresson, André Kerstész y Robert Capa ya han hecho algunas de sus mejores fotos. La cámara Leica, capaz de disparar a 1/1000 de segundo, se ha abierto paso en el terreno del fotoperiodismo y del documentalismo. Al mismo tiempo, la tensa situación que se vive a escala internacional ha hecho decaer el interés por lo exótico. Los millones de postales con imágenes de tipos humanos pertenecientes a otras culturas que se habían puesto de moda en Europa a principios del siglo XX, pasaron a la historia. Y es en ese contexto cuando un hidroavión fletado y pilotado por el millonario y naturalista estadounidense Richard Archbold, aterriza en un lago de las tierras altas de Papúa y se encuentra con un valle habitado por más de 60.000 personas cuya existencia era desconocida. La expedición tenía un interés prioritario por la fauna y por la flora, y en el avión, junto a Archbold, completaban el equipo científico un ornitólogo, un botánico y un experto en mamíferos. La etnografía no estaba entre los propósitos de este viaje y eso se puede apreciar en el artículo publicado en el *National Geographic* de marzo de 1941 (Archbold). En dicho artículo, publicado más de dos años después del descubrimiento, aparecen tantas fotos de los pobladores del valle como de los porteadores trasladados desde Borneo. De hecho, son los militares holandeses de la escolta, como administradores durante aquellos años de estas tierras, los que muestran un mayor interés por sus pobladores. Las fotografías publicadas junto al artículo de *National Geographic* carecen de autoría personal y todas se adjudican directamente a la expedición. Este archivo fotográfico, compuesto mayoritariamente de fotografías de flora, fauna y paisaje, y de fotografías del grupo de exploradores con la presencia del hidroavión, se encuentra depositado en el American Museum of Natural History de Nueva York (fig.6-7).

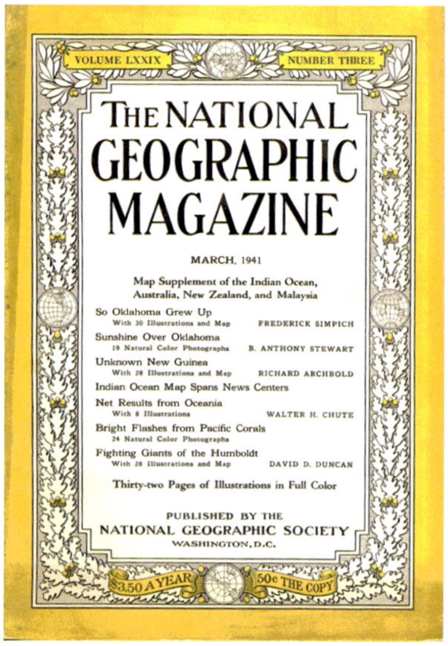


Fig. 6.- Número de *National Geographic* de marzo de 1941 donde se divulgaron los hallazgos de la expedición Archbold en Papua.

Habrá que esperar al año 1961 para que una expedición organizada por el Museo Peabody de la Universidad de Harvard, concretamente por el Film Study Center, una nueva sección del museo que se acababa de crear, se plantee un exhaustivo registro fotográfico de las tribus que habitan estas tierras altas de Papúa. Hasta ese año el contacto con el exterior de los habitantes del valle había sido escaso y esporádico. Durante la segunda guerra mundial fue sobrevolada la zona por la aviación norteamericana con el objeto de establecer una base de operaciones que al final fue desestimada. Incluso se produjo un accidente de aviación y la zona fue recorrida por una misión de rescate, pero este contacto no pasó de ser un hecho anecdótico. De modo que cuando los integrantes de la expedición Peabody-Harvard llegan en 1961 se encuentran con un territorio casi virgen de la influencia exterior, aunque los primeros misioneros ya habían visitado la zona, y califican a sus gentes -los dani- como "...tribus de granjeros y guerreros que viven en el neolítico al margen de cualquier forma de civilización moderna". El valor del material fotográfico que obtuvieron (y también del cinematográfico) es inmenso y es el resultado de un minucioso e intenso trabajo antropológico. Efectivamente, el grupo de fotóantropólogos de la expedición, formado por Jan Th. Broekhuijse, Eliot Elisifon, Robert Gardner, Karl G. Heider, Peter Matthiessen, Samuel Putnam y Michael C. Rockefeller, supo entablar unas relaciones con los dani basadas en la confianza mutua y de esta forma acceder a su vida cotidiana perturbándola lo menos posible. El resultado fueron más de 18.000 fotografías en blanco y negro y 8.500 en color tomadas entre febrero de 1961 y diciembre de 1963. Con una selección de 337 imágenes de esta enorme colección se compuso uno de los mejores relatos de la antropología visual: *Gardens of War. Life and Death in the New Guinea Stone Age* (Gardner y Heider: 1974) (fig.8). Margaret Mead afirma en su prólogo:

Fig. 7.- Grupo de hombres dani, fotografiados por la expedición Archbold en 1938. Foto American Museum of Natural History de Nueva York.

"Obtener estas imágenes significó muchos meses de trabajo paciente, requerido para establecer una base, y aprender a hablar, a entender y a conocer a aquellas gentes. Pero las fotografías mismas son lo que muchos de nosotros podíamos haber visto si hubiéramos estado allí. No son fotos cándidas robadas de forma sutil a personas desprevenidas; no son acontecimientos artificiosamente construidos sólo para la cámara y divorciados de la vida real: la participación es auténtica. Son fotos tomadas por quienes estaban - y se sabía que estaban allí - en medio de aquella próspera sociedad".

En este libro, donde el relato es predominantemente visual, con escasas páginas dedicadas al texto, se abordan, entre otras, cuestiones como el juego, la violencia, el mundo mágico y la obtención del alimento. Lo que hace especial a este trabajo es el momento en el que se realiza, donde confluyen unas condiciones técnicas avanzadas, cierta independencia de intereses coloniales por parte de los fotógrafos, una formación antropológica de los participantes y unas tribus, compuestas por varias decenas de miles de individuos, que mantenían sus costumbres tradicionales alejadas de interferencias exteriores. Hoy sería imposible repetir una experiencia similar.

Fig. 8.- *Gardens of War*, publicado en 1974, es un relato antropológico de las tierras altas de Papua donde predominan las imágenes.

### La mirada de la cámara, hoy

Nada tan falso como describir la realidad
Walter Shunt

Mucho ha cambiado el mundo de la fotografía desde las fotos que se hicieron en la expedición de Teleki hasta nuestros días. La revolución digital ha hecho posible obtener tantas imágenes en unos minutos como todas las que consiguieron aquellos primeros expedicionarios del valle del Omo en todo un año. Pero tal vez no sea la evolución tecnológica lo que más ha trastocado el hecho fotográfico frente al otro. Los cambios producidos en el comercio mundial asociados al fenómeno de la globalización y la facilidad de viajar a cualquier lugar recóndito del planeta han desbaratado muchas peculiaridades culturales y, quizás, el *otro lejano* ha pasado a ser menos *otro*. Aún así, con la mayoría de los viajeros sucede un fenómeno curioso: el número de fotografías obtenidas de los habitantes del lugar de destino es directamente proporcional a la distancia cultural. Nadie regresa de Francia cargado con retratos de franceses. Malinowsky (1922) escribió que los tiempos que describían a los indígenas como una caricatura grotesca e infantil del ser humano habían pasado. Pero fue una afirmación prematura. Se sigue buscando lo raro, lo efectista, lo singular, incluso lo caricaturesco. Y eso tiene sus consecuencias dado que el número de cámaras dispersas desde hace décadas por la superficie del globo es inmenso. Al mismo tiempo, el otro fotografiado ha aprendido a atraer la mirada de la cámara, ha aprendido a conocer lo que buscan los fotógrafos, sean éstos turistas o etnógrafos. Y ha aprendido, en definitiva, a sacar un provecho totalmente legítimo de ese interés desmedido por parte del intruso, generalmente occidental o japonés, por unas imágenes que, a su regreso a casa, certifiquen su estancia entre "salvajes". Este fenómeno de los viajeros que supeditan su experiencia de viajar a la cámara fotográfica ya fue analizado de forma lúcida por Susan Sontag (1977). Sontag llega a afirmar que, para muchos, sin fotografía, no habría viaje. Como consecuencia positiva del uso masivo de la fotografía podría citarse cierto empuje a favor de mantener unas tradiciones, que sin la presencia de ese ojo curioso, se habrían ido desvaneciendo hasta desaparecer por completo. No obstante, en muchas ocasiones van a ser tradiciones teatralizadas y, como las tradiciones que sirven de pretexto para las fiestas en los países del primer mundo, quedarán más próximas del simulacro que de la realidad cotidiana. El etnógrafo no puede caer en esa trampa. El caso de los mursi, en el valle del Omo es paradigmático. En los últimos años, a partir de la llegada de turistas a su territorio, los miembros de esta tribu adornan sus cuerpos de forma exagerada y llamativa con pinturas y objetos variopintos, seguramente con el propósito de atraer el interés de la cámara y conseguir unas pocas monedas a cambio de dejarse fotografiar (figs. 9 y 10).

fig. 9.- Mujer mursi con un tocado de mazorcas de maíz.

La cámara, que nunca fue inocente, ha adquirido un papel clave en la adaptación y, por tanto, modificación, de las culturas nativas. A pesar de los vaivenes conceptuales a los que actualmente se ve sometida la fotografía y a pesar de las dudas que surgen sobre su credibilidad a partir de

Fig. 10- Grupo de turistas americanos fotografiando una ceremonia hamer.

la era digital, su difusión y democratización han posibilitado una mayor demanda y comprensión de las imágenes. Cada vez más, la fotografía interviene e influye no sólo en la configuración de nuestras ideas y en la visión que tenemos del mundo y de sus gentes, sino también, de manera directa, en el mundo y en sus gentes. La fotografía, una vez explicitados y entendidos sus códigos, posibilita la transmisión de realidades de otros pueblos, incluso de otros tiempos. Pero para ello es necesario explicitar las limitaciones del medio fotográfico haciendo patente el engaño al que se ve sometido el ojo que examina una fotografía. Es preciso aprender a leer las fotografías como un artefacto que media entre la realidad y el observador para no confundir la imagen con la realidad de un determinado contexto social o cultural. Y hay que entender que la cámara no es un instrumento aséptico y que su uso y su presencia alteran la realidad.

**Bibliografía**


ARCHBOLD, R. (1941): "Unknown New Guinea". Washington D. C. *National Geographic,* vol. 79, nº 3. 315- 344.

BATTY, Ph, ALLEN, L. y MORTON, J. (Eds.) (2005): *The photograps of Baldwin Spencer.* The Miegunyah Press, Melbourne.

BONTE, P. e IZARD, M. (2005): *Diccionario de Etnología y Arqueología.* Ed. Akal, Barcelona.

BORSOS, B. (2005): *Photos of the Teleki expedition and the emergence of photography in african fieldstudies.* Volkskunde in Rheinland-Pfalz, 19/2.

BRISSET, D. E. (2004):" Antropología visual y análisis fotográfico". *Gazeta de Antropología,* 20, Texto 20-01. Universidad de Málaga. www.ugr.es/~pwlac/G20_01Demetrio E_Brisset_Martin.html.

EL GUINDI, F. (2004): *Visual Anthropology: Essential Method and Theory.* Alta Mira Press, CA. Walnut Creek.

ERDÉLYI, L. (1977): *Teleki Samu Afrikában.* Kriterion Könyvkiadó, Bukarest.

FIGUIER, L. (1851): *Exposition et histoire des principales découvertes scientifiques modernes.* Victor Masson, París.

FRIZOT, M. (ed) (1998): *A New History of Photography* . Ed. Könemann, Colonia.

GARDNER, R y HEIDER K. G. (1974): *Gardens of War.* Penguin Books. Ringwood.

GARRAN, A. (1886): *Picturesque Atlas of Australasia.* Summit Books, Sydney.

GONZÁLEZ ALCANTUD, J. A. (1999): "La fotoantropología, el registro gráfico y sus sombras teóricas". *Revista de Antropología Social,* 8, 37-55.

HUGHES-D'AETH, T. (1999): *Ethnographic Photography and John Lindt.* Sights. Visual Anthropology Forum, http://cc.joensuu.fi/sights/tony.htm.

LIVINGSTONE, D y LIVINGSTONE, Ch. (1865): *Narrative of an Expedition to the Zambesi and its Tributaries; and of the discovery of the lakes Shirwa and Nyassa.* John Murray, London.

LÓPEZ, H. (2007): "Memoria colonial y etnohistoria de la mirada". Valencia. *Revista Pasajes,* otoño 2007, 109-122.

MALINOWSKI, B. (1922): *Argonauts of the Western Pacific: An Account of Native Enterprise and Adventure in the Archipelagoes of Melanesian New Guinea.* George Routledge & Sons, Ltd, Nueva York.

MAURY, L. F.A., PULSZKY F. y MEIGS, J.F. (1857): *Indigenous races of the earth.* J.B. Lippincott & Co., Philadelphia.

NEWHALL, B. (2002): *Historia de la fotografía.* Ed. Gustavo Gili, Barcelona.

PORTMAN, M.V. (1896): "Photography for Anthropologist". *Journal of the Anthropological Institute of Great Britain and Ireland,* 75-87 (Traducido en Juan Naranjo ed., *Fotografía, antropología y colonialismo, 1845-2006.* Barcelona, 2006).

SONTAG, S. (1977): *On photography.* Farrar, Straus and Giroux, New York.

THURN, E. F. im (1893): "Anthropological Uses of the Camera". *The Journal of the Anthropological Institute of Great Britain and Ireland, 22,* 184-203.

# TIERRA DE ARNHEM, BAJO OMO Y TIERRAS ALTAS DE PAPÚA. LOS PRIMEROS CONTACTOS

JUAN SALAZAR

A lo largo del siglo XIX y durante la primera mitad del siglo XX las políticas colonialistas de las principales potencias europeas, Estados Unidos y Japón transformaron el mundo en un gran mercado comercial. Un desarrollo económico sin precedentes, una abrumadora superioridad militar y tecnológica, así como grandes mejoras en los medios de transporte permitieron a diversos países occidentales acceder a nuevos mercados, productos y mano de obra, provocando profundos cambios a escala mundial. Como consecuencia de ello, en este siglo y medio, más de 50 millones de indígenas, con economías basadas en la agricultura, la ganadería y la caza-recolección, fueron exterminados (Lee y Heywood, 1999).

La llegada de exploradores, militares, colonos, misioneros y antropólogos a los nuevos territorios creó una serie de situaciones de contacto que se plasmaron en multitud de relatos. Hoy esa documentación nos permite reconstruir esos encuentros desde un doble punto de vista ya que, con frecuencia, reflejaban no sólo sus opiniones y valoraciones sino las de los habitantes que encontraban. Mucho más difícil resulta obtener documentación y evidencias de lo que esa llegada significó para las poblaciones nativas. Aún así, el recuerdo de esos primeros encuentros ha permanecido vivo, a través de la historia oral, en la memoria colectiva de estos pueblos. Más recientemente, el trabajo de diversos investigadores en colaboración con miembros de comunidades indígenas ha permitido plasmar la otra versión de los acontecimientos.

A menudo se ha presentado el primer contacto con la cultura occidental como el inicio de la *Historia* de los grupos indígenas. Deberíamos tener presente que los procesos de cambio histórico ya existían antes de ese primer encuentro e intentar alejar esa visión de pueblos sin "profundidad histórica", de culturas aisladas o "ancladas en la prehistoria" que aún hoy se utiliza como reclamo comercial.

En este artículo analizaremos esos primeros encuentros entre occidente y las comunidades indígenas tomando como ejemplo las tres áreas geográficas tratadas en el presente catálogo y objeto de la exposición "Mundos Tribales": la Tierra de Arnhem en Australia, el Bajo Omo en Etiopía y las Tierras Altas de Papúa. Intentaremos hacerlo desde un doble punto de vista, el occidental y el de las mencionadas comunidades. Los estados que controlaban esos territorios imprimieron dinámicas propias a la hora de explorar y colonizar las nuevas tierras, por ello los primeros contactos ocurrieron de formas distintas. Así, por ejemplo, la violencia de los encuentros en el Bajo Omo y el norte de Australia, a mediados y finales del siglo XIX, contrasta con la llegada relativamente "pacífica" de las primeras expediciones a las Tierras Altas de Papúa, en los años 30.

### La Tierra de Arnhem (Norte de Australia)

> "Una de las distracciones preferidas era cazar aborígenes; se elegía el día y se invitaba a los colonos vecinos, junto con sus familias, a una comida al aire libre... tras el ágape todo era regocijo y alegría, mientras los caballeros que formaban la partida tomaban sus armas y perros y, acompañados por dos o tres sirvientes presidiarios, recorrían los matorrales en busca de negros.
> A veces regresaban sin diversión; otras, conseguían matar a una mujer o, si tenían suerte, a un hombre o dos."
> H.M. Hull. Experience of Forty Years in Tasmania (1895).
> (Burenbult, 1994, 85)

Este testimonio, lejos de ser un caso excepcional, refleja el trato al que se vieron sometidos los aborígenes australianos desde la llegada de los británicos a Australia a finales del siglo XVIII. Aunque este relato procede de la isla de Tasmania, se repitieron actos similares por todo el continente. En el extremo norte de Australia, en Arnhem, su aislamiento, debido a las condiciones geográficas y climatológicas, permitió a las poblaciones aborígenes evitar, hasta bien entrado el siglo XIX, los violentos procesos de exterminio que se daban en el sur de Australia desde finales del XVIII. La ausencia de buenos puertos naturales y una vegetación de manglar en la costa, dificultaban el anclaje de barcos. La presencia de grandes ríos y humedales en las zonas costeras y la escasez de tierras altas habitables, protegidas de las frecuentes inundaciones, ralentizaron la colonización británica que, desde principios de siglo XIX, llevó a cabo diversos intentos infructuosos. El clima tropical, marcado por el monzón, y la consiguiente creación de grandes zonas inundadas durante gran parte del año propiciaba el ambiente perfecto para la presencia de enfermedades tropicales como la malaria. Aunque los británicos consideraron este territorio *Terra Nulis* o Tierra de Nadie, decenas de grupos indígenas habitaban sus costas y colinas, establecían intercambios comerciales y culturales entre ellos y desarrollaban unas sociedades dinámicas y perfectamente adaptadas a su entorno, basadas en la recolección y en la caza. Cuando se inició la ocupación europea se calcula que, sólo en la Tierra de Arnhem, existía una población de entre 35.000 y 70.000 aborígenes (Gardner, 1990).

Barcos portugueses y holandeses visitaron y exploraron esporádicamente la costa norte de Australia durante el siglo XVII contactando por primera vez con diversos grupos aborígenes (fig.1); pero habría que esperar a principios del siglo XIX para que se produjesen los primeros intentos de asentamiento en la zona, en este caso por iniciativa británica. Diversas expediciones recorrieron el territorio. En 1844, Ludwig Leichhadt cruzó gran parte de la tierra de Arnhem; Ausgustus Charles Gregory, en 1855, y posteriormente John McDovall Stuart, en 1862, exploraron el territorio del norte buscando pastos para futuros ranchos ganaderos (Smith, 2004). Entre 1870 y 1872, la construcción de la línea terrestre de telégrafos y el descubrimiento de oro atrajeron a numerosos colonos a la zona, nuevos habitantes que irían ocupando el territorio indígena. Un movimiento en gran medida organizado por las compañías ganaderas que pasaron a dominar miles de kilómetros cuadrados. La fundación de la actual capital, Darwin, se produce en ese momento, el 5 de febrero de 1869.

Fig. 1.- Barco europeo de dos palos pintado en un abrigo próximo a Gumbalanya por aborígenes de la Tierra de Arnhem. Foto Inés Domingo.

Pero antes de que los británicos se interesasen por la costa norte de Australia, otros contactos se venían realizando desde hacía décadas, posiblemente siglos: barcos originarios de Macassar (en la actual provincia Indonesia de Sulawesi) visitaban la zona para explotar sus recursos naturales. Desde el siglo XVIII los relatos de viajeros europeos documentan la presencia de estos barcos dedicados a la pesca del *trepang*, un gusano marino muy apreciado en los mercados asiáticos como producto alimenticio y asociado, por la tradición china, a poderes mágicos. Una flota de hasta 60 barcos acudía todos los años al norte de Australia - territorio conocido por estos pescadores como *Margae* -, recorriendo sus costas de diciembre a marzo y procesando el *trepang* en campamentos temporales terrestres. Aparte de la pesca del *trepang* los macassan intercambiaban con los aborígenes diversos productos. Harry Makarrwala, del grupo yolngu, en una entrevista con W. Lloyd Warner en 1926 relataba:

> "...nuestro país tiene salida al mar en un solo lugar de la bahía de Arnhem. Fue aquí donde vimos a los macassan. Traían regalos como arroz, jarabe, calicó, hachas, piraguas, cuchillos y ginebra. Nosotros les dimos nácar, perlas, caparazones de tortuga, sándalo y otras maderas que ellos emplean en medicina. Les ayudamos a recolectar el cohombro de mar (trepang)" (Mundine, 2002, 43).

La presencia de los macassan parece remontarse a los inicios del siglo XVIII aunque existen evidencias históricas de que estos viajes comerciales podrían haber empezado hasta un siglo antes. La explotación comercial del *trepang* por parte de barcos indonesios perduró durante todo el siglo XIX y finalizó en 1907 cuando el gobierno australiano expulsó al último barco indonesio de sus costas. El continuo contacto a través de los campamentos de procesamiento de este gusano marino entre dos culturas no europeas fue, en la mayor parte de los casos, pacífico y así ha quedado reflejado en la memoria oral aborigen y en diversos relatos de exploradores europeos. El escaso interés de los pescadores en ocupar permanentemente las tierras y el acuerdo entre ambos por el intercambio de bienes preciados posibilitaron unas relaciones comerciales estables que influyeron en las culturas aborígenes.

Fig. 2.- Hombre blanco con sombrero y en actitud de mandar pintado en el abrigo rupestre en la Tierra de Arnhem. Foto Inés Domingo.

El uso de grandes canoas por parte de los aborígenes parece ser una aportación de los macassan, que introdujeron también el metal, el vidrio, las telas, las pipas y el tabaco así como diversos alimentos y el alcohol. Este dinamismo comercial tuvo su reflejo en la vida aborigen, apareciendo prácticas culturales como la talla de madera y diversos mitos, ceremonias y canciones recogidas a través de la memoria oral y de determinadas pinturas rupestres. El hecho de mantener una intensa actividad comercial durante siglos provocó el asombro de los europeos. F. Napier, en 1867, cuenta como los nativos de la bahía de Castlereag "...regateaban de forma muy dura, por unas placas de concha de tortuga que querían vender, no se sentían satisfechos con menos de un hacha" (Macknight, 1972, 308). Otro aspecto de la importante influencia macassan en el norte de Australia fue la creación de una lengua franca basada en el idioma de estos pescadores.

Este hecho llamó la atención a los primeros viajeros europeos en estas tierras, y así G.W. Earl, en 1842, comentaba "...si preguntas por vocablos, me quedo ridículamente perplejo. Después de recoger muchas palabras, encuentro que estaba realizando un horrible patois[1] del dialecto macasar, de hecho, casi todas las palabras que los nativos utilizan con nosotros son de los macasar" (Macknigt 1972, 288). Incluso hoy en día muchas palabras aborígenes proceden de esos contactos. Un ejemplo es el nombre de *balanda*, utilizado por las comunidades aborígenes de Arnhem para designar a los blancos, que viene de *hollander* (holandeses), nombre con el que los macassan designaban a todos los blancos. Las relaciones entre las dos culturas también posibilitaron el viaje de algunos aborígenes australianos a la capital de las Celebes (actual Sulawesi). "... a veces se llevaban a nuestros hombres como miembros de la tripulación. Como a mi hermano, que ya era muy viejo. Un año fue al país de Macasar. Eran hombres buenos... (Mundine, 2002, 42).

Fue en la segunda mitad del siglo XIX cuando comenzó la llegada masiva de exploradores, los primeros colonos, misioneros y administradores blancos, transfor-

1.- Jerga.

mando radicalmente el modelo de vida aborigen. Las posibilidades de trabajo en los ranchos y el descubrimiento de oro provocaron que, en el último tercio del siglo XIX, el territorio del norte fuese ocupado de forma intensa y permanente por rancheros, aventureros, mineros, fugitivos y jornaleros en busca de fortuna en las "nuevas" tierras. La idea de ocupar una *terra nulis*, o tierra sin dueños, permitió desplazar a los grupos aborígenes con facilidad y la violencia hacia la población nativa formó parte de la vida en el nuevo territorio. Ernestina Hill, tras entrevistar a numerosos ganaderos, describe esa situación: "El negocio de establecer un imperio ganadero se basaba en matar. A los nuevos ranchos se traían negros para trabajar desde territorios alejados y menos problemáticos; estaban aterrados de los negros de los matorrales" (Rose, 2000, 10) (Fig. 2).

Fig. 3.- Baldwin Spencer junto a un grupo de ancianos arrernte en el centro de Australia en 1896. Victoria Museum, Melbourne. Australia.

Los yarralin, que habitan la zona del río Victoria, se preguntaban "...por qué el hombre blanco no les preguntó por las tierras para poder haberles dicho que ya estaban ocupadas" y "si los blancos estaban determinados a hacer la guerra, por qué no dieron rifles a los aborígenes para que la lucha fuese igualada" (Rose, 2000, 187). Este grupo, todavía hoy, habla de cómo se sentían al ser tratados como perros por los blancos; se les podía encadenar, se les atacaba, se les podía cazar, disparar y cuando un aborigen se ponía enfermo o envejecía se le mataba, como harían los blancos con un perro herido o viejo (Bird, 2000).

Los testimonios nativos no dejan lugar a dudas; las primeras décadas de ocupación blanca del territorio se caracterizaron por las matanzas colectivas, el disparo a aborígenes, las palizas y los envenenamientos. Los aborígenes conocen estos años como "*killing times*"[2]. David Daymirringu, del grupo yolngu, relata un ataque a la tribu walaki : "...los ganaderos, tanto negros como blancos, rodearon la selva y, a medida que se acercaban comenzaron a descargar sus armas contra los aborígenes que estaban en los árboles (escondidos). Asesinaron a todos, salvo a un sólo hombre que había trepado muy alto, tan alto como pudo: él fue testigo de toda esa masacre" (Mundine, 2002, 44). Este exterminio también aparece reflejado en la memoria oral cuando George Jaudaku recuerda: "Antes de que yo naciera había mucha gente en este país. La gente (blancos) disparaba a la gente (aborígenes). En esta parcela, los blancos solían perseguir y dispararles" (Smith, 2004, 15). En diversas zonas los aborígenes consiguieron articular una resistencia violenta a esa invasión creando zonas denominadas por los blancos "*bad nigger country*"[3].

2.- Tiempos de matanzas.

3.- Tierra de negros peligrosos

Las escasas muertes de blancos a manos de aborígenes tuvieron represalias inmediatas en forma de ataques a comunidades enteras. Lindsay Crawford, administrador de un rancho en 1895 explicaba: "...durante los últimos 10 años, de hecho desde que el primer blanco se instaló aquí, no hemos mantenido ninguna comunicación con los nativos, excepto con el rifle. Nunca se les permitió estar cerca de este rancho o de las estaciones ganaderas, son demasiado traidores y belicosos" (Rose, 2000, 13).

Fig. 4.- Hombres gaagudju en ritual funerario o *moolil*, los cestos y otras posesiones de la difunta aparecen colgados de los arbóles. Fotografía de Baldwin Spencer (1912). Victoria Museum, Melbourne. Australia.

La consecuencia de esta etapa de violencia fue el exterminio, en algunas zonas, de grupos enteros de indígenas, como los karangpurru o los bilinara. Junto a las masacres perpetradas por los blancos, el contagio de enfermedades y los enfrentamientos entre grupos aborígenes acabaron por eliminar, en grandes áreas, al 90 % de la población nativa.

A principios del siglo XX, los misioneros, en su intento de cristianizar, "pacificar" y sedentarizar, crearon misiones por toda la región transmitiendo a los aborígenes mensajes como: "Rezad a Dios. No estéis en el lado que ha perdido. Venir al lado ganador" (Rose, 2000, 190) ocasionando así profundos cambios en las formas de vida tradicionales.

Es en este escenario de violencia, ocupación y control del territorio cuando Walter Baldwin Spencer y Frank Gillen realizaron el que se convertiría en el primer estudio etnográfico de campo del Territorio del Norte, en 1901. Baldwin Spencer se había graduado como biólogo en Oxford y tras un período de formación en Inglaterra viajó a Australia para participar en la Expedición Científica Horn, la primera expedición realizada para estudiar la historia natural del centro del país, como zoólogo y fotógrafo. Allí conoció al que sería su compañero de viajes, Frank Gillen, jefe de la estación de telégrafos de Alice Spring y etnólogo aficionado. Ya antes habían realizado un trabajo de campo etnográfico, con los arrernte, en el centro de Australia (fig. 3). Publicaron sus investigaciones en el volumen "*The Native Tribes of Central Australia*" (1899), obra clásica de la etnografía australiana. La documentación obtenida en este estudio sigue siendo una referencia clave por su calidad e interés etnográfico (Batty *et alii,* 2005). Spencer y Gillen trataron de mostrar, a través de la fotografía, no sólo a personas y objetos, sino también ceremonias y escenas de gran dinamismo. En el viaje al territorio del norte recorrieron de sur a norte la zona, realizando las primeras películas y grabaciones etnográficas y documentando la cultura material y los ciclos ceremoniales de numerosas comunidades (fig. 4).

En su segundo viaje al norte de Australia en 1911, y formando parte del gobierno de la Commonwealth como asesor en la gestión de los asuntos indígenas, Baldwin Spencer tuvo la oportunidad de visitar numerosas comunidades aborígenes en las diferentes cuencas de los ríos, la costa y diversas islas. Su profundo conocimiento de las culturas estudiadas, su reconocida admiración por los grupos aborígenes y la participación de colaboradores locales que poseían conocimientos de las lenguas nativas le permitieron establecer unas fluidas relaciones con numerosos ancianos que le introdujeron en un mundo religioso y ceremonial hasta entonces inaccesible para los occidentales. Su trabajo en esta zona fue publicado en 1904 con el título de "*The Northern Tribes of Central Australia*" con el objetivo de documentar unas culturas que, en su opinión, estaban destinadas a desaparecer. Esta idea, junto a la certeza de que estas poblaciones representaban una versión deshumanizada de un estadio temprano en el desarrollo social humano fueron, en gran parte, fruto del darwinismo social característico del período colonial (Mulvaney, 1990, 33-36).

### El Bajo Omo (Etiopía)

> "Incluso los guerreros retrocedían ante nosotros con gran aversión, aparentemente no por miedo o timidez, sino por antipatía. Algo de tabaco de primera calidad, que ofrecí a un hombre, fue rechazado con indignación, a pesar de que todos los reshiat son aficionados a mascar tabaco y tomarlo aspirado. El sentimiento de repulsión, no obstante, pronto pasó y por la tarde unos doscientos hombres y mujeres llenaron los alrededores y el interior del campamento, tocando y observando todas las cosas nuevas para ellos".
>
> (Höhnel, 1894, 157)

El valle del río Omo, en el sudoeste etíope, está situado en una zona de transición entre las sabanas del Sudán, al oeste, las áridas estepas de Kenia, al sur, y las montañas etíopes, al norte. A lo largo de la historia diversos movimientos migratorios han supuesto la llegada de la ganadería, la domesticación de diversas especies vegetales o la metalurgia a esta zona. Hoy en día, el valle del Omo es una babel de etnias y lenguas, uno de los espacios culturales más ricos de África.

A finales del siglo XIX y en plena carrera colonial, la zona del río Omo fue escenario de diversas expediciones dirigidas por europeos y americanos. La pugna entre las distintas potencias por afianzarse en el continente africano y el desconocimiento del curso y desembocadura del Río Omo fueron los motivos que incentivaron estas exploraciones. Aunque no fueron los únicos, también en este período, el Emperador Menelik II intentó someter, a través de diversas campañas militares, la región a la monarquía Abisinia.

Podemos reconstruir ese primer contacto entre los occidentales y los habitantes del valle. Si bien los encuentros están documentados a partir de finales del siglo XIX, anteriormente, comerciantes de marfil de origen africano recorrieron la zona durante décadas, intercambiando diversos productos como cuentas, cobre, etc., con los pueblos indígenas.

El conde húngaro Samuel Teleki y el oficial naval y cartógrafo austriaco Ludwig von Höhnel fueron los primeros occidentales que llegaron a la zona en 1887, en una expedición promovida desde el Imperio Austrohúngaro. La expedición, que, llegando desde el sur (actual Kenia), "descubrió" para occidente los actuales lagos Turkana (bautizado lago Rodolfo en honor al príncipe heredero del Imperio Austrohúngaro) y Chef Bahir (Lago Estefanía), tenía un interés eminentemente geográfico y cinegético y consideró a los pueblos que habitaban la zona como una parte más del paisaje africano. Sólo cuando establecieron relaciones con un grupo no contactado hasta el momento por occidentales, los reshiat (actualmente conocidos como dassanech, en el bajo río Omo), se evidenció la importancia del suceso para los europeos. Los hechos ocurrieron el miércoles 4 de abril de 1888:

Fig. 5.- Grabado titulado "*escena de campo entre los reshiat*" que muestra a Hönel y Teleki junto a varios dassanech. Publicado originalmente en "Ostäquatorial Afrika zwischen Pangani und dem neuentdeckten Rudolf-see" (1890).

"Este fue quizás el día más interesante de todo nuestro viaje, ya que ahora estábamos por primera vez cara a cara con gente totalmente desconocida. Y la forma en la que estos nativos, que habían vivido tranquilamente lejos del resto del mundo hasta ahora, nos recibieron en este primer día de llegada fue tan simple y tan diferente a las experiencias relatadas por los viajeros africanos que no podíamos sobreponernos a nuestro asombro" (Höhnel, 1894, 155) (fig. 5).

Inmediatamente se iniciaron intercambios comerciales. La expedición necesitaba de abundantes alimentos pero, para su sorpresa, los reshiat no se mostraron entusiasmados "El hierro no tenía valor, no se interesaban por nuestras cosas, y pensaron que nuestras pequeñas cuentas eran semillas. La única cosa que les llamaba la atención eran las grandes cuentas azules "ukuta", las cuales, a pesar de que no las habían visto antes, las llamaron inmediatamente Tcharra o Tchalla." (Höhnel, 1894, 157). Estas dificultades para comerciar con los reshiat, con artículos totalmente desconocidos para ellos, se describen en diversos momentos del relato, siendo causa de sorpresa y malestar en Teleki y Hönel "A pesar de la variedad y calidad de las mercancías que habíamos traído para comerciar no fuimos capaces de comprar nada aquí excepto dhurra (harina de sorgo), pescado, leche, y algunas bagatelas, no porque a los reshiat les importara comerciar con su ganado sino porque a ellos no les interesaba nada de lo que les ofrecíamos a cambio." (Höhnel, 1894, 167). La actitud poco receptiva de los reshiat queda bien reflejada en la respuesta de uno de los ancianos, recogida por Höhnel: "No queremos vuestro hierro.....vuestras cosas no valen nada y vuestras cuentas son demasiado pequeñas " (Höhnel, 1894, 174). Las descripciones que realizan los expedicionarios nos permiten conocer diferentes aspectos de la vida cotidiana de los dassanech a finales de siglo XIX. "Poseían miles de cabezas de ganado vacuno, cabras, ovejas y cientos de burros... Cultivaban un poco de tabaco de baja calidad, ya que podían comprar uno barato y de mejor calidad a sus vecinos más cercanos. Ambos sexos son aficionados a mascarlo. El café es comprado a los aro (actualmente conocidos como ari) a través de intermediarios kerre (o karo). El total de la población reshiat es de unas 2.000 a 3.000 personas..." (Höhnel, 1894, 167). Gracias a este relato disponemos también de las primeras referencias a los diversos grupos étnicos que poblaban la zona: los marle (hoy asimilados en el grupo nyantiangyon), los amárr (conocidos hoy como hamer), los bachada (bashada), los yurkana, los buma (bume), los budu, los kerre (karo), los murdu/murzu (mursi), y los borana, entre otros (Höhnel, 1894, 168-169) (fig. 6). Si bien todo el relato esta impregnado de una actitud colonial basada en la superioridad del hombre blanco, Ludwig von Höhnel resalta algunos aspectos "positivos" de los danassech. La capacidad oratoria del interlocutor principal de los danassech así como la conducta general de los mismos impresionan a Hönel "Estaba dotado no solo de un sorprendente autocontrol, sino de una cabeza extremadamente clara y con habilidades diplomáticas" (Höhnel, 1894, 173). "No intentaron mendigar o robar, no eran ni impertinentes ni tímidos, y tuvieron este comportamiento satisfactorio del primero al ultimo" (Höhnel, 1894, 163). Las fuertes tensiones con los danassech que les impedían cruzar su territorio, tensiones que llegaron casi a un enfrentamiento armado, obligaron a la expedición a regresar hacia el sur. Las últimas palabras de un anciano, interlocutor con la expedición fueron, por si tenían intención de volver: "No olvidéis las cuentas tcharra" (Höhnel, 1894, 208).

Fig. 6.- Grabado de una mujer buma (actualmente conocidos como bume) en el que se aprecia el plato labial. "Ostäquatorial Afrika zwischen Pangani und dem neuentdeckten Rudolf-see" (1890).

Siete años después de la expedición austrohúngara, el médico norteamericano A. Donaldson Smith organizó, con fondos privados propios, diversos viajes cinegéticos y de exploración por la zona, aunque sin claros objetivos científicos. Fue el primer occidental en llegar al lago Turkana desde la vecina Somalia, en 1895 y en su camino estableció contacto, por primera vez, con diversos grupos étnicos del sudoeste etíope. El relato de Donaldson *Through unknown African countries* refleja la actitud, general en la época, de superioridad tanto con los habitantes de la zona "...los salvajes no tienen un gran dominio del lenguaje, expresando sus emociones con pantomimas, acompañando cada gesto con exclamaciones ruidosas." (Grinke, 2007, 130), como con los hombres de su propia expedición "...los otros cuatro gurkas (etnia del norte de la India) tenían rajput u otra sangre en sus venas, y es con remordimiento que los mirase como a seres humanos" (Donaldson, 1900, 602 ). Su contacto con los habitantes del Omo aparece marcado por este continuo intento de demostrar la superioridad del hombre blanco mediante el uso de armas de fuego, cohetes y demás adelantos tecnológicos (fig. 7). Gracias a la memoria oral arbore tenemos un relato de ese primer contacto. Horra Surra, anciano de esta etnia, relata:

"...ellos (arbore) se aproximaron y vieron al hombre blanco y a sus acompañantes. Se quedaron parados en el lugar, pero el hombre blanco les indicó que se acercasen. Ellos lo hicieron... El hombre blanco les pidió que le enseñasen como utilizaban el arco y las flechas para matar animales salvajes.... La flecha fue un poco corta para alcanzar al animal salvaje. Repitieron la acción y, otra vez, la flecha no alcanzó al animal salvaje. Entonces, el hombre blanco sacó su rifle, apuntó a las cabras salvajes, disparó y las mató. De nuevo apuntó a otra cabra y la mató también. ¡Veis esto! Se jactó el hombre blanco. Los arbore asintieron, "Sí. Estaban impresionados por las acciones del hombre blanco" (Grinke, 2007, 134).

Fig. 7.- Jóvenes mursi junto a la ribera del Omo, fotografía tomada durante la segunda expedición de Donaldson, en 1899 y publicada en *The Geographical Journal* en 1900.

Donaldson describió un ataque por parte de los arbore a raíz de las tensiones surgidas entre la expedición y este grupo étnico. La escaramuza provocó numerosas bajas entre los arbore, que desconocían el poder de las armas de fuego. Este ataque perdura en la memoria oral arbore siendo una de las historias más repetidas entre los hor, uno de los clanes de esta etnia:

"...el hombre blanco era blanco como el ganado y tenía un palo de fuego rojo. Los de Marle (poblado hor) oyeron que desde Gandarab y Kulam (también poblados hor) habían enviado ancianos y pensaron que habían comenzado a saquear el campamento. Para no ser superados, desde Marle se enviaron guerreros para saquear. Cuando los guerreros marle llegaron, se estaban disparando tiros. Como ellos no conocían las armas de fuego, pensaron que se estaban golpeando tambores. Entonces descubrieron que algunos tenían disparos en las piernas, otros disparos en el estómago, y vieron como arrastraban los intestinos" (Miyawaki, 2007,189).

Donaldson, posteriormente, saqueó el poblado más cercano para conseguir alimentos.

Casi al mismo tiempo, en 1896, el oficial del ejercito italiano Vittorio Bottego dirigió la expedición que situó geográficamente el curso del río Omo y su desembocadura en el lago Turkana, dándose a conocer como el "descubridor del Omo". Esta expedición compuesta por cientos de hombres y 160 mulas de carga (Giansanti, 2004, 42), recorrió la región tomando datos geográficos, biológicos y etnográficos. Muchos de los pueblos, afectados por razzias abisinias, les recibieron violentamente como recoge Bottego en su relato del viaje "¿Qué habéis venido a hacer a este país?" Bottego respondió que eran *frengi* (extranjeros) y le replicaron "Nosotros no conocemos a los frengi. No queremos ver a ninguno, ni dejarles libre el paso. Venid, si tenéis coraje, a hacernos la guerra. Venid aquí, que conoceréis nuestras lanzas" (Vannutelli y Citerni, 1899, 294).

A esta expedición también le debemos descripciones de diversos pueblos del valle del Omo como los mursi:

"Las mujeres son sucias y feas, van completamente desnudas, excepto por los costados, que cubren con un estrecho pedazo de piel. Se encuentra alguna con grandes agujeros

> en la oreja o en el labio inferior, donde ponen discos de madera de un diámetro de aproximadamente cinco o seis centímetros. Estas tribus salvajes tienen hábitos detestables y costumbres bestiales; sin embargo no son de índole feroz, ni son tan belicosas como los montaraces pero en compensación los hábitos de emboscadas en los bosques y la instintiva malicia los convierten en ladrones audacísimos. Si la caza y la pesca son para ellos verdaderos oficios, la agricultura y el pastoreo no están del todo descuidadas: donde encuentran pequeñas y espesas zonas a orilla del río cultivan a duras penas. Comen hasta cebarse, raíces y tubérculos que recogen en los bosques, donde algunas veces encuentran colmenas pegadas a los árboles. En cuanto al ganado, apenas poseen unas pocas cabras y bueyes" (Vannutelli y Citerni, 1899, 323).

Bottego moriría violentamente durante esta expedición pero sus acompañantes, Vannutelli y Citerni, consiguieron volver a Italia, tras meses de cautiverio. Una vez en su tierra natal, publicaron la memoria de la expedición en la se ponía fin al misterio del curso del rio Omo, aportando una información geográfica, etnográfica, zoológica y botánica sobre la zona de gran valor documental.

Con objetivos radicalmente distintos al de las expediciones occidentales, el ejército abisinio realizó una serie de campañas militares en el sudoeste etíope para ocupar y controlar el territorio al norte del lago Turkana. Para una de estas primeras campañas de anexión, la de 1898, contamos con el relato de Alexander Bulatovich, un militar ruso que formó parte del ejército dirigido por Ras Welde Giyorgis para el emperador Menelik II, con órdenes de afianzarse en el Lago Rodolfo (Lago Turkana) (Collins, 1961). Bulatovich describió a diversos pueblos del Omo, "Los hombres y las mujeres se adornaban con brazaletes de hierro, pendientes de cobre, de los cuales podía haber hasta siete en cada oreja. Las mujeres, además, llevaban un collar compuesto por varias tiras, hecho de huesos de pájaros y cocodrilos finamente moldeados, o de cuentas de arcilla, entre las que resaltan cuentas europeas azules y blancas" (Bulatovich, 2000, 342). En su relato también refleja las opiniones de las tropas que le acompañan, de origen amárico (habitantes del altiplano etíope) sobre los habitantes del Omo: "Son animales salvajes, comen carne de elefantes y de lagartos. Prácticamente no siembran grano" (Bulatovich, 2000, 311). Y también, la opinión que de los occidentales tenían los habitantes del Omo: "...los guchumba (europeos-extranjeros para Bulatovich) llegaron desde el sudeste. Montaron un campamento al lado de un poblado jufa, y estuvieron muchos días pidiendo, bajo amenaza de sus armas de fuego, que se les diese pan de forma gratuita. Se fueron hacia el noroeste." Bulatovich continua explicando "Como descubrimos más tarde, todas las tribus desde aquí al lago Rodolfo llaman a los europeos "guchumba" que literalmente significa vagabundos" (Bulatovich, 2000, 310).

Esta invasión y las continuas *razzias* abisinias posteriores dejaron una profunda huella en los pueblos del valle del Omo. Berimba, un anciano hamer, explicaba en un relato recopilado por Ivo Strecker esos tiempos de crisis:

> "Niños, mirad esta tierra. Yo ya soy anciano. Cuando aún éramos jóvenes, los enemigos vinieron y el Emperador Menelik nos conquistó. Así es como nos convertimos en pobres. Nuestros antepasados se perdieron entonces. Es por eso que no conozco las familias de los hijos de nuestros ancestros... realmente tampoco conozco quienes son

> con los que deberíamos casarnos. Preguntamos las cosas a los ancianos, a los pocos ancianos que aun conocen las antiguas conexiones. Algunos no sabían la verdad, y no les escuchábamos. Solo escuchábamos a lo que coincidía con lo que habíamos oído de nuestros padres" (Strecker, 2006, 153).

La resistencia de diversos grupos étnicos frente a esta invasión militar acabó en fracaso por la superioridad de las armas de fuego abisinias. Cientos, si no miles, de habitantes de la zona fueron asesinados o esclavizados, multitud de poblados destruidos y miles de cabezas de ganado requisadas. Muchas comunidades indígenas desaparecieron o se vieron obligadas a emigrar. A principio del siglo XX se creó la primera administración estatal de la zona.

## Tierras Altas de Papúa (Indonesia)

*Al principio estaba el Agujero*
*Del Agujero salieron los hombres dani*
*Se asentaron en las tierras fértiles alrededor del Agujero*
*Entonces vinieron los cerdos. Los dani cogieron a los cerdos*
*y los domesticaron.*
*Después vinieron las mujeres, y los dani cogieron a las mujeres*
*Entonces del Agujero salieron otros hombres –portugueses,*
*españoles, holandeses, japoneses, americanos.*
*No había espacio para ellos alrededor del Agujero,*
*Así que se esparcieron por todo el globo*
*En búsqueda de tierras tan buenas como la de los dani*
*Pero nunca las encontraron.*
*Ahora regresan de nuevo*

(Míeselas, 2003, 3)

La isla de Nueva Guinea se encuentra dividida en dos administraciones independientes: la parte occidental - Papúa - bajo el dominio colonial de Holanda hasta 1963, y hoy bajo control indonesio, y una parte oriental - Papúa-Nueva Guinea - ocupada hasta la Primera Guerra Mundial por Alemania y, posteriormente, por Inglaterra y Australia, hasta lograr su independencia en 1975. Esta división artificial de la isla, tan habitual en el periodo colonial, conllevó multitud de expediciones y otros contactos entre las autoridades coloniales, viajeros, comerciantes, etc, y las numerosas comunidades que la habitan. Los habitantes de la costa tuvieron contactos muy tempranos con los occidentales, ya en el siglo XVI, sin embargo, las tierras del interior se mantuvieron rodeadas de un halo de misterio hasta principios del siglo XX.

Los cerca de 100.000 dani que habitan las Tierras Altas de Papúa son uno de esos pueblos del macizo central "desconocidos" para occidente hasta bien entrado el siglo XX. La mayor parte de los grupos culturales de las Tierras Altas centran su economía en la agricultura intensiva y la cría de cerdos, como se refleja en la leyenda citada anteriormente. El cultivo de la batata, alimento básico de la dieta, junto a multitud de tubérculos, vegetales y hortalizas, condicionan el paisaje del país dani cuyo territorio, atravesado por el caudaloso rio Baliem y sus afluentes, se encuentra organizado en pequeños poblados y numerosos campos de cultivos.

Las costas de Nueva Guinea fueron descritas por primera vez en los relatos de capitanes y cronistas portugueses y españoles del siglo XVI, aunque desde hacía siglos estas costas eran visitadas frecuentemente por comerciantes chinos, malayos y navegantes del reino de Java. La búsqueda del *trepang*, de conchas de tortugas, aves del paraíso y maderas preciosas motivaron el interés comercial de estos viajes y las frecuentes relaciones comerciales. (Pétrequin, 2006, 165) Posteriormente, y a partir del siglo XVI, parte de sus costas estuvieron en la órbita del Sultanato de Tidore, aliado de los españoles en el control de las islas de las especias. Las actividades comerciales de dicho sultanato provocaron la creación de unas redes comerciales estables entre las costas de Papúa occidental y las islas Molucas.

Fig. 8.- Grupo de hombres dani realizando una empalizada en uno de los campamentos de R. Archbold en las Tierras Altas. American Museum of Natural History. 1938.

Numerosos viajeros europeos, atraídos por el exotismo del paisaje y sus habitantes, visitaron las costas de la isla durante los siglos XVII y XVIII aunque no será hasta el siglo XIX cuando se adentren en la isla las primeras expediciones (Millar, 1996). Tanto las autoridades coloniales holandesas como las australianas realizaron, en las tres primeras décadas de siglo XX, un enorme esfuerzo y despliegue de medios para explorar y controlar las tierras y los habitantes del interior de la isla. La autoridad colonial holandesa, por ejemplo, envió más de cien expediciones con la intención de obtener todo tipo de información sobre el interior de la colonia. A pesar de ello, algunos territorios como el valle del Baliem, centro del territorio dani, nunca fueron explorados (Muller, 2001).

La imagen de "mundo perdido" que aun hoy perdura sobre el interior de Papúa se remonta a esos tiempos. Sin embargo los diversos grupos indígenas que pueblan las Tierras Altas de Papúa han mantenido durante siglos relaciones estables y dinámicas entre ellos, creándose fluidos circuitos de intercambio que han permitido la circulación de objetos, productos y conocimientos desde la costa hacia el interior y viceversa. La presencia de conchas marinas y cauris en poblados de las tierras altas a cientos de kilómetros de la costa y en valles inaccesibles, a más de 2.000 m sobre el nivel del mar, o la llegada y rápida difusión de la batata, de origen americano, en el siglo XVII son muestras de ese dinamismo comercial muy alejado de la visión occidental de mundo aislado. El zoólogo australiano Tim Flannery describía, en 1990, un ejemplo de este comercio hoy en decadencia: "...nos encontramos con un grupo de viajeros lani. Dos hombres adultos y dos jóvenes venían de Ilaga, con sal y plumas de aves e iban a venderlo todo en el mercado de Wamena.... la sal debían haberla obtenido en algún depósito de agua salobre... las plumas, la mayoría pertenecientes a loros y aves del paraíso, estaban envueltas en haces de hojas secas, colocados luego en tubos de bambú" (Flannery, 1998, 245) (fig.8).

No es hasta el año 1938, con la expedición del zoólogo y multimillonario Richard Archbold que Occidente tiene, por primera vez, conocimiento sobre los dani. Como él mismo cuenta en su relato, publicado en el año 1941 en la revista National Geographic: "Mi tercera expedición a Nueva Guinea se organizó para realizar una exhaustiva investigación de la prácticamente desconocida cara norte de las Montañas Nevadas en la segunda isla más grande del mundo" (Archbold, 1941, 315). El patrocinio de la expedición corrió a cargo del American Museum of Natural History de New York y el viaje tenía como principal objetivo documentar y conseguir especies zoológicas y botánicas.

Fig. 9.- Danza ceremonial dani. Los hombres, armados con arcos y flechas, bailan y cantan en círculos. Expedición de Archbold. American Museum of Natural History. 1938.

La expedición contaba con casi 200 personas entre porteadores dayaks de Borneo y convictos indonesios independentistas, soldados coloniales, varios oficiales holandeses y un equipo norteamericano formado por un ornitólogo, un botánico, un zoólogo, dos pilotos y varios técnicos necesarios para hacer funcionar la principal novedad de la expedición: un hidroavión con gran capacidad de carga que permitió el amerizaje en el lago Habbema, en pleno macizo central de Papua. El 23 de junio de 1938 avistaron por primera vez el valle del Baliem y los campos de cultivo dani: "Desde el aire los huertos, zanjas y vallados de los nativos aparecían como un paisaje rural del centro de Europa. Nunca en toda mi experiencia en Nueva Guinea había visto algo comparable" (Archbold, 1941, 316). Los primeros contactos con las poblaciones de las tierras altas estuvieron marcados por la curiosidad mutua "...aparte del protector de pene, brazaletes, pulseras y una basta red de malla en la cabeza de uno de ellos, nuestros visitantes estaban desnudos" (Archbold, 1941, 321) (fig. 9). La expedición, interesada en conseguir especímenes zoológicos y botánicos, inició intercambios comerciales con los dani

> "...trajeron bananas, batatas y a menudo traían cerdos para comerciar. Los utensilios de acero no les interesaban tanto como las conchas o los espejos como medio de inter-

cambio. Aparentemente consideraban sus utensilios de basta piedra como muy superiores... no les costó mucho, sin embargo, conocer nuestro mayor interés. No tardaron en traernos mamíferos, pájaros e insectos a cambio de conchas." (Archbold, 1941, 332) (fig.10).

Mientras tanto las columnas dirigidas por los militares holandeses recorrieron todo el valle de Baliem, verdadero centro político y espiritual del territorio dani. Al atravesar diferentes territorios de grupos rivales se produjeron momentos de tensión "Sin poder evitar parar nuestra marcha, hicieron una barrera humana de cinco filas a través del camino, de pie, hombro con hombro. La situación era tensa, pero Teerink la solventó con algunas palabras directas y miradas amenazadoras dirigidas a aquellos que parecían estar al mando" (Archbold, 1941, 324). Esta versión oficial no recoge el disparo y muerte de un hombre dani a manos de un soldado bajo el mando del Capitán Teerink. Este episodio aparece reflejado en los diarios privados de los oficiales al mando pero no en el relato de Archbold que aceptó no comunicar esta muerte a cambio de obtener permiso para seguir trabajando en Papúa (Míeselas, 2003, 12-13).

Para los grupos culturales que vivían en las Tierras Altas la llegada de los hombres blancos tuvo una interpretación cosmológica. Unos seres, blancos, llegaban caminando desde lugares desconocidos. La confusión inicial daba paso, en la mayor parte de los casos, al miedo y la curiosidad. Muchos grupos tribales pensaron que se trataba de héroes mitológicos o ancestros desaparecidos que volvían a las tierras de sus orígenes (Schieffelin y Crittenden, 1991, 3).

También en los años treinta, y a unos 350 km al este del territorio dani, otra expedición occidental contactaba con diversas culturas de las Tierras Altas, esta vez en la parte controlada por Australia. Tenemos, gracias a la memoria oral de Huwlael Hunmol, de Laerop Minina y otros miembros del grupo wola, la descripción de su reacción tras la llegada de esta expedición, dirigida por Hides y O'Malley "¡Oh!, hay algo viniendo, algo muy extraño acercándose desde allá. Dicen que son espíritus ancestrales llegados para comernos. Algunos de nosotros huímos temerosos hacia el bosque, mientras que otros dijeron que irían a echarles un vistazo" (Schieffelin y Crittenden, 1991, 147). "Hay cosas viniendo, haciendo casas y desmontándolas (tiendas de campaña) mientras se acercan. Están viniendo por la senda ahora. Tienen la piel blanca. Con sus cuerpos cubiertos, y ¡¡¡¡hay hombres negros con ellos también (porteadores)!!!!" (Schieffelin y Crittenden, 1991, 149).

A estos primeros encuentros, de finales de los años 30, sucedió un período marcado por la Segunda Guerra Mundial en el Pacífico, que impidió la llegada de occidentales a las tierras altas. Los pilotos estadounidenses destinados a la base de Jayapura, capital de la región al norte de la isla, realizaban vuelos de placer sobre el valle de Bailem, "...a veces en picados bajos para asustar a los dani y verlos correr y esconderse" (Míeselas, 2003, 16). Acabada la guerra empezaron a llegar misioneros y administradores holandeses. Los misioneros, en su intento evangelizador, construyeron pistas de aterrizaje en diversos lugares que les permitía contactar incluso con las comunidades más apartadas y así, en 1954, se instalan los misioneros protestantes de la Alianza Cristiana Misionera (CAMA) y, en 1955, la Misión Cristiana Australia-

Pacífica (APCM) y la Sociedad Misionera Baptista Australiana. En un segundo momento, y a partir de 1959, comienzan a llegar los misioneros católicos con lo que el valle y las zonas adyacentes se dividen en áreas de influencia de las diversas iglesias occidentales. Por su parte, las autoridades holandesas centraron sus esfuerzos en pacificar las comunidades dani y acabar con los conflictos tribales que mantenían la región en un permanente estado de guerra.

Fig. 10.- Aves del paraíso y "lingotes" de sal en el mercado dani de Wamena. Año 2007.

Las transformaciones iniciadas por los misioneros intentaban cambiar la cosmovisión dani, y así, en un intento claro de eliminar sus creencias introdujeron el concepto de alcanzar la vida eterna como recompensa por la quema de las posesiones "tradicionales". Con ello provocaron la destrucción masiva de los denominados "fetiches" o *kukuwak* en prácticamente todo el territorio dani. En 1960 cerca de la misión de Patv-paka:

"...se realizaron quemas masivas de grandes cantidades de cultura material, tanto objetos de uso cotidiano como aquellos con significado mágico-religioso. Entre los objetos quemados había: arcos, flechas, lanzas, gorros de piel y plumas, corazas de tejido trenzadas, diademas de plumas de casuarios (sacudidos durante los bailes), hachas y azuelas de piedra, *je* – que son piedras pulidas usadas como pagos en bodas y funerales – y cristales de cuarzo cuyo uso esta documentado en la magia negra" (O'Brien, 1962, 59).

Las actitudes entre las distintas comunidades dani con respecto a los primeros misioneros variaban entre darles la bienvenida o intentar matarlos, como sucedió en diversas ocasiones. Los términos con los que los dani denominaban a los sacerdotes son elocuentes, *mbabi* que significa "enemigos" y *kugi* palabra usada para denominar a "los espíritus" (Bensley, 1994, 21-23).

La primera gran expedición con objetivos etnográficos, organizada por el Peabody Museum of Archaeology and Ethnnology adscrito a la Harvard University, llegó en el año 1961. Robert Gardner y Kart G. Heider, en la publicación *Gardens of War*, mencionaban que "...en la década de sus infrecuentes relaciones con el mundo exterior, los dani habían adquirido una reputación de comportamiento hostil e incluso traicionero, particularmente en sus contactos con los misioneros y oficiales del gobierno" (Gardner y Heider, 1974, 3). En ese momento, 20 años después del primer contacto "no había una sola comunidad dani, no importa lo remota o independiente que fuese, que no hubiera oído hablar sobre los hombres blancos que habían venido a vivir en su valle" (Gardner y Heider, 1974, 5). *Gardens of War* se presentó como "el primer documento fotográfico de una tribu de granjeros-guerreros de la Edad de Piedra, de neolíticos que viven en las Tierras Altas centrales de Nueva Guinea" (Gardner y Heider, 1974). Los dani conocían a los occidentales con el nombre de *waro,* que en su lengua significa "reptiles".

El impacto de los primeros contactos, descritos en el artículo, y la consiguiente llegada de nuevos modelos políticos, económicos y culturales, transformó radicalmente las comunidades indígenas. Desde Occidente, presentando a los diferentes grupos étnicos del norte de Australia, Papúa y el rio Omo como "salvajes" o "prehistóricos", se justificaron sus conquistas y el control de sus territorios. Hoy en día esa lucha de intereses continúa produciéndose en estos lugares.

En las tres áreas tratadas los habitantes nativos son objeto de un profundo racismo por la mayor parte de la sociedad. Tanto en la actual Etiopía, como en Indonesia, estos grupos indígenas son vistos como "curiosidades" susceptibles de ser transformadas por el bien del país. El mensaje es claro, un país moderno no puede permitir que parte de su población viva en la "prehistoria". Incluso en un país como Australia, ejemplo de "desarrollo", los aborígenes no vieron reconocido su derecho a la posesión tradicional de la tierra hasta 1972 y no pudieron ejercer el derecho a voto hasta 1967.

Las transformaciones vividas por las comunidades indígenas han sido, y continúan siendo, múltiples, y la adaptación a esos cambios muy diversa, tanto en los aspectos individuales como en los comunitarios. Esa "modernización" a menudo ha chocado con los intereses de dichas comunidades, que han articulado, ya desde el primer momento, distintos modelos de resistencia.

**Bibliografía**


BATTY, P., ALLEN, L. y MORTON, J. (2005): *The photograps of Balwin Spencer*. The Miegunyah Press, Melbourne.

BENSLEY, J. (1994): *The dani church of irian jaya and the challenges it is facing today.* Monash Asia Institute, Monash University, Melbourne, www.papuaweb.org

BONTE, P. e IZARD, M. (2005): *Diccionario Akal de Etnología y Antropología*. Akal, Madrid.

BRID, D. (2000): *Dingo makes us human*. University Press, Cambridge.

BULATOVICH, A. K. (2000): *Ethiopia Through Russian Eyes Country in Transition 1896-1898.* (Trad. de Seltzer, R.). The Xarxa Siga Press, Lawrenceville, Nueva Jersey.

BURENBULT, G. (1994): *Supervivencia en el mundo moderno, pueblos primitivos hoy en Asia y Oceanía*. Debate, Barcelona.

COLLINS, O. R. (2006): «The Turkana Patrol of 1918 reconsidered». *The Uganda Journal*, vol. 25, núm.1, 16-33.

DONALDSON, A.S. (1900): «An Expedition between Lake Rudolf and the Nile», *The Geographical Journal*, vol. 16, núm. 8 (Des. 1900), 600-624.

ELKIN, A. P. (1951): «Reaction and Interaction: a food gathering people and European settlement in Austràlia». *American Anthropologist*, 53.

FLANNERY, T. (1998): *A pie por Nueva Guinea e Irian Jaya*. Ed. Península, Barcelona.

GARDNER, P. (1990): *Aboriginal people in the Northern Territory*. Government Printer of the Northern Territory, Darwin.

GARDNER, R. y HEIDER, K. G. (1974): *Gardens of War. Life and death in the New Guinea Stone Age*. Penguin Book Ltd., Victoria.

GIANSANTI, G. (2004): *Lejana África*. Círculo de Lectores, Barcelona.

GIRKE, F. (2006): «Two "first contact" situation in southern Ethiopia», en *The perils of face: Essays on cultural contact, respect and self-esteem in southern Ethiopia*. Mainzer Beiträge zur Afrika-Forschung, Berlin.

GOZÁLBEZ, J. y CEBRIÁN, D. (2003): *Etiopía: Un rostro con tres miradas*. Alcoy.

HEIDER, K. (1997): «Grand Valley Dani. Paceful Warriors». *Case Studies in Cultural Anthropology*. Harcourt Brece College, Fort Worth, Texas.

HÖHNEL, L. von (1894): *Discovery of Lakes Rudolf and Stefanie*. (Traducción de N. Bell; reeditado por F. Cass, el 1968)í Longmans Greens, Londres.

LARSON, G. F. (1962): «The fetisch burning movement among the Western Dani Papuans», *Working Papers in Nativistic movements*, nº 1, Bureau of Native Affairs, United Nation´s Temporary Executive Authority in West New Guinea, West Irian, Jayapura, 54-58. www.papuaweb.Org

LEE, R. B. y HEYWOOD, R. (1999): *The Cambridge Enclyclopedia of Hunters Gatherers*. Cambridge University Press, Cambridge.

LYDALL, J. y STRECKER, I. (1979): *The Hamar of Southern Ethiopia II. Baldamo Explains*. Göttingen: Arbeiten aus dem Institut für Völkerkunde der Universität zu Göttingen – Band 13, Hohenschäftlarn Haus.

MACKNIGHT, C. C. (1972): «Macassans and Aborigines», *Oceania*, vol. XIII, núm. 4, Sidney.

MÍESELAS, S. (2003): *Encounters with the Dani. Stories from the Baliem Valley*. Steidl International Center of Photography, Nueva York.

MILLAR, G. (1996): *To the Spice islands and beyond. Travels in Eastern Indonesia. Nikolai Miklouho-Maclay, a russian explorer meets trouble on the Irian Jaya coast*. Oxford University Press, Singapur.

MIYAWAKI, I. (2006): «Hor memory of Sidaama Conquest», *The perils of face: Essays on cultural contact, respect and self-esteem in southern Ethiopia*. Mainzer Beiträge zur Afrika-Forschung, Berlín.

MULLER, K. (2001): *Indonesian New Guinea. West Papua / Irian Jaya*. Periplus, Singapur.

MUNDINE, D. (2002): *Ramingining: Arte aborigen australiano de la tierra de Arnhem*. Museo Nacional Centro de Arte Reina Sofía, Madrid.

MULVANEY, D. J. (1990): «Spencer, Sir Walter Baldwin (1860-1929)». *Australian Dictionary of Biography*, vol. 12. Melbourne University Press, 33-36 (Batty, P. Allen, L. & Morton, J., 2005).

O'BRIEN, D. A. (1962): «Nativistics Movements», en *Working Papers in Nativistic Movements*, Bureau of Native Affairs, United Nation´s Temporary Executive Authority in West New Guinea, West Irian, Jayapura, 59-60. www.papuaweb.org

PÉTREQUIN. A. M. y PÉTREQUIN, P. (2006): *Objects de pouvoir en Nouvelle-Guinée*. Editions de la Reunión des Musées Nationaux, Paris.

SCHIEFFELIN, E.L. y CRITTENDEN, R.. (edit.) (1991): *Like people you see in a dream First Contact in six Papuan Societies*. Stanford University Press, Stanford.

SMITH, A. D. (1897): «An Expedition between Lake Rudolf and the Nile», *Geographical Journal*, 16, 600-625.

SMITH, C. (2004): *Country, kin and culture. Survival of an Australian Aboriginal Community*. Wakefield Press, Kent Town.

STRECKER, I. y LYDALL, J. (2006): «A history of pride and confrontation in South Omo». En *The perils of face: Essays on cultural contact, respect and self-esteem in southern Ethiopia*. Mainzer Beiträge zur Afrika-Forschung, Berlín.

THOMSON, D. (2005): *Donald Thomson in Arnhem Land*. The Miegunyah Press, Victoria.

TORNAY, S. (1981): «The Omo Murle Enigma». En *People and cultures of the Ethio-Sudan borderlands*. (Beder, M. L. (edit). African Studies Center, Michigan State University, Michigan.

VANNUTELLI, L. y CITERNI, C. (1899): *L'Omo: Viaggio d'esplorazione nell'Africa Orientale*. Elibron Classics (reedición), 2006, Milán.

WILLIANS, N. M. (1986): *The Yolngu and their Land*. Stanford University Press, Stanford.

# EL ARCO DE LAS MUJERES Y LA REDECILLA DE LOS HOMBRES. Útiles y mitos de Nueva Guinea

Pierre Pétrequin

Anne-Marie Pétrequin

Las Tierras Altas de Nueva Guinea representan para los etnólogos (Sillitoe, 1988), y para muchos prehistoriadores, el último lugar en el mundo donde ha sido posible observar las técnicas y la organización social de pueblos agricultores en un medio forestal; gentes que, hasta los pasados años 90, en algún caso todavía abrían sus huertos de cultivo con hachas de piedra pulimentada. El impacto de estas observaciones –en particular las de los etnoarqueólogos que de forma explícita tratan de utilizar marcos de comprensión para la prehistoria basados en los funcionamientos técnicos y sociales actuales (Pétrequin et Pétrequin, 1992)– ha sido notable durante estos últimos diez años, conduciendo a veces a otra lectura y reinterpretación del Neolítico de Europa occidental. El caso más elocuente, sin ninguna duda, es el que concierne a los útiles de piedra pulimentada, el hacha, la azuela y el cincel que, recientemente en Nueva Guinea y en otro tiempo en el Neolítico europeo, conformaban la mayoría de los sistemas técnicos. En la actualidad, todos los grupos humanos del centro de Nueva Guinea han abandonado sus utillajes tradicionales; los últimos lo hicieron en los años 90. No obstante, para simplificar el discurso y la presentación de estos grupos emplearemos el presente verbal, como si esas comunidades hubieran escapado milagrosamente a las consecuencias del choque de la colonización. De hecho, si entre los años 1945 a 1961 los científicos, militares y misioneros que exploraban el interior de las tierras de Papúa (parte occidental de Nueva Guinea, provincia de Indonesia, antes Irian Jaya) encontraban sobre todo grupos humanos que desconocían el uso del metal (Le Roux, 1948-1950), la distribución de cuchillos y hachas de acero –complemento de la bisutería de vidrio clásica– favoreció rápidamente los contactos para conseguir estas nuevas riquezas, sobre todo estos útiles de acero que permitían roturar con mayor rapidez que antes, e incluso acelerar la cría de cerdos y la competencia social.

Los papúes de las Tierras Altas son agricultores que cultivan la batata, el taro, la caña de azúcar, el banano y el pandano rojo en auténticos huertos limitados por postes de madera inclinados, con anchos fosos de drenaje ahondados con un pesado palo excavador, sólidos muros de piedra seca o resistentes vallas de tablones verticales ensamblados para evitar los ataques cometidos por parte de los cerdos domésticos o salvajes. El paisaje queda, por tanto, dividido en parcelas donde alternan la selva secundaria, las plantaciones arbóreas, los baldíos herbosos y los cultivos maduros o a punto de ser abandonados; el color de los huertos recién abiertos, donde los plantones se combinan en función de las variaciones locales de suelo, humedad y luz, contrasta con este mosaico en el que se pierde la mirada. Unas técnicas de horticultura complejas, a veces con campos delimitados por caballones con empleo del abono acumulado en los canales de drenaje de los pantanos, permiten sustentar fuertes densidades de población (hasta 180 h/km² en el norte del Baliem y la región de Tiom, una antigua cuenca lacustre particularmente fértil), alrededor de 300.000 habitantes en total para el conjunto de la familia lingüística dani (fig. 1). Fuera de las cuencas lacustres y de los fondos de valle, la vieja selva primaria o secundaria está aquí y allá presente en las vertientes más pronunciadas, donde las talas selectivas permiten abrir huertos en terrazas que permanecen en cultivo de uno a tres años, antes del rebrote de las cepas cortadas y de la selva que devolverá la fertilidad a los suelos rápidamente agotados por dos o tres años de plantaciones alimenticias (Boissière, 1999).

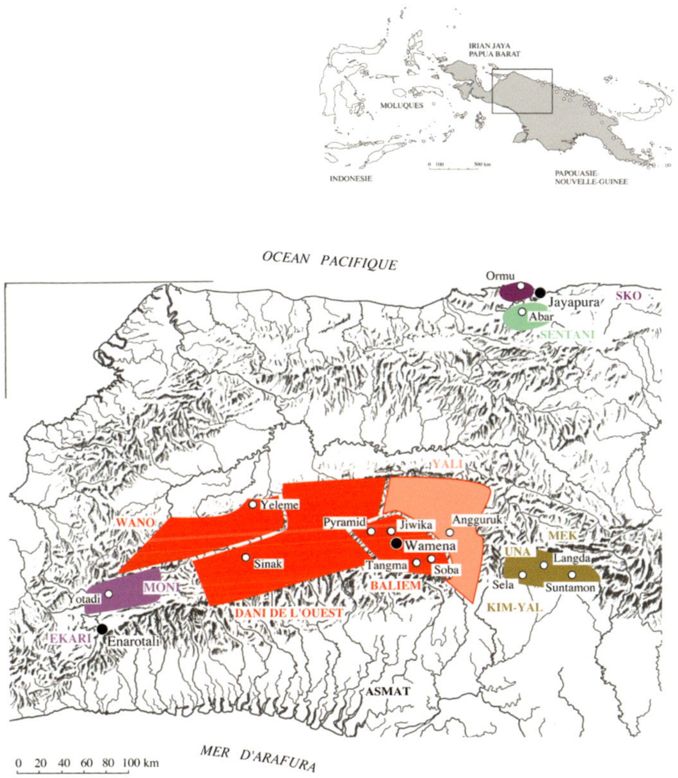


Fig. 1. Mapa de situación de los grupos lingüísticos mencionados. Dibujo P. Pétrequin, según Silzer y Heikkinen Clouse (1991).

La pesada hacha de piedra con mango recto macizo, usada preferentemente por los asmat y los dani del oeste, o la azuela con mango ergonómico acodado (fig. 2) de los dani del Baliem, y de los yali y los una en las provincias del este, son los útiles por excelencia destinados a aclarar la selva, talar el latizal y los árboles más jóvenes, y hender la base de los árboles más grandes para hacerlos secar de pie. La tala de árboles con el hacha de piedra pulimentada, para dejar espacio momentáneamente a los huertos, así como partir los troncos y transformarlos en tablones para las vallas y las casas, recae enteramente en manos de los hombres. Sólo la gestión de la leña queda parcialmente en manos de las mujeres. Para las otras actividades, la más estricta división sexual del trabajo es la norma (Murdock *et al.*, 1973; Testart, 1986), según la cual los hombres manipulan útiles cortantes y armas apuntadas, orientadas hacia arriba y destinadas a matar derramando sangre; mientras que las mujeres saben que deben trabajar con útiles de punta roma, orientados hacia abajo, más para golpear que para derramar sangre.

La azuela con hoja de piedra pulimentada resulta ser un útil particularmente eficaz, puesto que un árbol de 40 cm de diámetro puede talarse en una hora entre tres hombres que se vayan turnando. Pero las rocas duras, susceptibles de ser talladas y recibir un excelente pulimento, resistentes a los choques y a la flexión, son escasas en la naturaleza y están repartidas de forma muy desigual en el territorio. En todas estas fértiles depresiones cársticas que se extienden por las mesetas calcáreas de las Tierras Altas, lo que sí se puede encontrar son esquistos pardos o negros en forma de cantos en la parte alta de las cuencas fluviales. Sin embargo, las hachas y azuelas fabricadas con este material, tan poco resistente y al alcance de todos, tienen poco interés técnico a la vez que social; generalmente se reservan para cortar la leña entre los dani. Debido a su reducido valor en un contexto local e individual de producción, estas hojas de piedra circulan poco en los intercambios.

Fig. 2. Tala con azuela de piedra. Langda (Kp. Jayawijaya), grupo una.

Contrariamente, las mejores rocas metamórficas, como las del macizo de Yeleme («La-Fuente-de-las-Hachas-de-Piedra») en territorio de los wano, o del Yamyl («El-Río-de-las-Hachas») de los una, son objeto de verdaderas expediciones, en general bajo la dirección de un líder de guerra (Larson, 1987), capaz de reunir en ocasiones a varias decenas de hombres bajo su mando. Se trata de atravesar inhóspitas regiones montañosas, de dos a diez días de marcha, o zonas de menor altitud pero pobladas y por tanto peligrosas si no se han establecido previamente acuerdos de cooperación o relaciones matrimoniales. El grupo, formado sobre todo por hombres y algunas mujeres mayores que se ocupan del transporte de batatas a la ida y de los esbozos de hacha a la vuelta, deberá trabajar varios días o incluso, a veces, varias semanas seguidas en un medio de montaña arbolada, donde la supervivencia, una vez agotadas las reservas de batatas y plátanos, sólo será posible mediante la caza de pequeños marsupiales arborícolas, la recogida de larvas y la recolección de brotes tiernos de helecho.

En Wang-Kob-Me, para fracturar la roca, se utiliza la fuerza de la acción térmica de un hogar instalado en lo alto de un andamio de madera apoyado en la pared de la roca de glaucofano, una materia prima muy resistente cuya estructura petrográfica favorece su trabajo por percusión directa (fig. 3). Alrededor de cada «escalera de fuego», un grupo de trabajo de 6 a 10 hombres sigue las directrices de un «hombre sabio», es decir aquél que domina los rituales de explotación de la piedra. Estos rituales son particularmente importantes y, cuando el etnólogo pregunta sobre las técnicas, su aprendizaje y el nivel de habilidad, la respuesta de los "hombres sabios" y de los talladores de piedra sólo hace mención a los rituales destinados a atraer las hachas que preexisten en la roca, dar vida a los Espíritus Femeninos («las Madres de las hachas») y transmitir los cantos que favorecerán el estallido de la roca y su trabajo mediante la talla con percutor («los Niños de la Roca»).

En realidad, se trate de procedimientos muy sencillos de fabricación de una hoja de hacha, como en Yeleme/Wang-Kob-Me, o de una producción especializada compleja, como la de las hojas de azuela en Langda (fig. 4), Sela y Suntamon (Pétrequin et Pétrequin 1993), el discurso es siempre el mismo: lo cierto es que se necesitan varios años de aprendizaje con el padre, o tío paterno, para aprender una técnica de talla reservada a algunos clanes del valle en los que la transmisión es, ante todo, hereditaria; pero lo más importante es la iniciación de los muchachos en el interior de "una casa de hombres" donde se conservan las reliquias del Espíritu Femenino que rige la producción de las canteras. Sólo en el valle del Heime (Langda), de los una, se cuenta con casi una docena de estas Potencias no humanas, a las que hay que tener en cuenta (Louwerse, 1998).

Fig. 3. Explotación de un frente de cantera mediante la acción del fuego (choque térmico). Yeleme/Wang-Kob-Me (Kp. Paniai), grupo wano.

De regreso de las expediciones, la posesión de excelentes y grandes esbozos de hachas por pulir es esencial para los hombres jóvenes que alcanzan la edad de participar en los intercambios y pagos compensatorios (O'Brien, 1969), a fin de encontrar una esposa o compensar el fallecimiento de alguien próximo o de un aliado mortalmente alcanzado por los efectos de una magia nefasta obra de una mujer o un enemigo. Todas estas compensaciones para restablecer el equilibrio en la comunidad se sustentan en la donación de cerdos sacrificados y asados (en forma de grasa y carne), de conchas marinas intercambiadas con los grupos del oeste (Pospisil, 1963) y/o de bloques de sal de los manantiales de Hitadipa (Weller *et al.*, 1996). Finalmente, se debe recordar que en todos los casos –fabricación de sal, producción de una concha, o esbozo de una hoja de hacha o azuela, destinados a ser donados o recibidos–, no se trata de materias primas ordinarias que se calientan, tallan, pulen o manipulan sino que son los huesos, la sangre, los humores de una Criatura Primordial o de un «Propietario de la Tierra» anterior a los hombres (Tinok en Wang-Kob-Me, Mayulongkwe para la sal, etc.). Por tanto, parece normal que los mejores productores de hachas y de sal o los grandes criadores de cerdos sean hombres que «saben» los rituales y la manera de comunicarse con las potencias. En este contexto, las habilidades técnicas, la Tecnología tal y como diríamos hoy en día, no tendrían ninguna eficacia por sí mismas si no estuvieran profundamente socializadas y ritualizadas.

Y de hecho, este es el principio de un proceso en el que los útiles «técnicos», en términos de eficacia sobre la materia prima, se apartan de su función inicial para ser socialmente valorados (Lemonnier, 1986). Se han podido observar varios casos en Nueva Guinea. El más sencillo es el de los jóvenes guerreros que se exhiben con una larga y pesada hacha en el hombro, maniobrando en la selva con una herramienta a veces desmesurada, para hacer lo que otros hombres realizan con un hacha o azuela mucho más ligera, y a menudo mejor adaptada a la tala o al trabajo de la madera; pero cuando el prestigio individual del hombre está en juego, todos los esfuerzos son necesarios.

El segundo caso es el de las *ye-yao*, las hachas de intercambio. En la montaña, a dos días de camino más allá de Wang-Kob-Me, se encuentran las canteras que se mantienen en secreto, donde los wano explotan grandes placas de esquisto y de anfibolita de grano fino y color verde oscuro. Estas placas se fracturan con la ayuda del fuego en un lugar llamado Awigobi («El-río-de-la-Noche», ya que se cree que estas placas son organismos vivos que se vuelven luminosos en el agua cuando son alumbrados con una antorcha), se esbozan con un cuidadoso trabajo de bujarda y se bajan de nuevo al valle para ser intercambiadas con los dani: se las llama *ye-yao*. Una vez en el valle del Yamo y en el Baliem central, a 4 y 15 días de camino respectivamente, estas "hachas" de débil resistencia mecánica son cortadas, regularizadas y pulimentadas. Tras haber sido revestidas con atributos femeninos –un cinturón de fibras de orquídeas característico de las mujeres casadas o una faldilla de muchacha (fig. 5) –, participan en casi todas las formas de pago compensatorias de las bodas, de los fallecimientos y del precio de la sangre (O'Brien, 1969; Heider, 1970). Tratadas durante muchas horas con grasa de cerdo para abrillantarlas y hacer resaltar su magnífico color verde, las *ye-yao* representan explícitamente a las mujeres que se dan y se reciben.

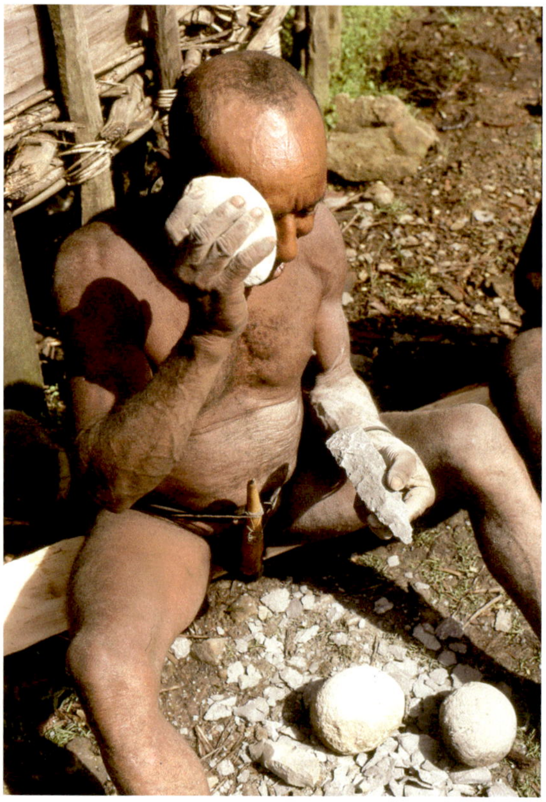

Fig. 4. Esbozo de una hoja de azuela en basalto, mediante talla con percutor blando.
Langda (Kp. Jayawijaya), grupo una.

En el Baliem central, pero sobre todo, aún más lejos, en Angguruk, territorio de los yali, algunas de estas *ye*-yao están consagradas, es decir, reciben el nombre de un antepasado, de un hombre poderoso muerto en combate, por el que se sacrificaron uno o varios cerdos. Escondidas en las casas de los hombres o, mejor aún, en las casas sagradas de la región de Angguruk, las *ye-pibit*, o hachas sagradas, participan en la supervivencia del grupo, en los rituales de curación, y están consideradas como potentes magias para luchar contra los enemigos o adquirir prosperidad (Zöllner, 1977; Pétrequin *et al.*, 2006).

Fig. 5. Un hombre parte para un pago compensatorio con un *ye-yao* cargado sobre el hombro. Pyramid (Kp. Jayawijaya). Grupo dani de Baliem central.

Vemos así cómo, progresivamente, un útil específico de los hombres –la hoja de piedra pulimentada– es manipulado y reinterpretado a medida que nos alejamos del lugar de producción. Finalmente, a varios centenares de kilómetros de las canteras, cuando un hacha usada aparece como algo excepcional por su materia prima, forma, dimensiones o por los mitos que han circulado en relación con ella, esa misma hacha puede encontrarse clasificada entre

Fig. 6. Los componentes de un pago compensatorio en la Costa Norte de Nueva Guinea: hacha pulimentada, cuentas y anillos de vidrio.
Abar (Kp. Jayapura), grupo sentani central.

los objetos sagrados de un hombre o un linaje (Godelier, 1996), o en el tesoro de un sultán de las Molucas (Pétrequin *et al.*, 2006); en ambos casos, su inestimable valor no puede compararse nunca con la función técnica original. En este terreno de las donaciones, de pagos compensatorios acordados y de objetos sagrados, todas las interpretaciones son posibles, como esta acumulación de extraordinarias riquezas (fig. 6), propiedad de un *ondoafi* (jefe heredero en la cultura del lago Sentani), que reúne: racimos de perlas de vidrio cuyo origen es un árbol mágico de la zona este, en territorio de los Sko; un hacha extraída de la sangre del Pájaro original, sacrificado en las montañas de Ormu Wari; y dos brazaletes de vidrio que representan las vértebras de la Gran Serpiente muerta y cocinada por los Primeros Antepasados en un horno de piedras calentadas.

En estos grupos sociales relativamente igualitarios (Ploeg, 1969) –en el sentido de que, teóricamente, todos tienen los mismos derechos por nacimiento–, el arco y las flechas participan en las exhibiciones de todos los hombres. En pie desde muy temprano, el hombre ha dormido junto a su arco y su haz de flechas: un gran arco de laurel negro, a menudo intercambiado en lugares lejanos, y unas flechas entre las cuales las de punta fusiforme son reservadas por los dani para los combates, las alargadas de bambú para matar cerdos domésticos o salvajes, las de muesca para la caza de marsupiales y las flechas maza o tridente para los pájaros (Heider, 1972; Watanabe, 1975; Lemonnier, 1987). Este es el discurso de todos los hombres que, hasta la noche, conservarán en la mano este arco cuidadosamente pulimentado con un colmillo partido de cerdo o una lasca de sílex, y estas flechas cuyo nombre no tiene ninguna relación directa con la forma de la punta sino con el nombre de la magia, es decir, la pequeña decoración geométrica que les confiere toda su potencia (Pétrequin *et al.*, 1990). Por supuesto, la composición de un carcaj, en este caso de un puñado de flechas (fig. 7), es una forma muy clara de ostentación social (Wiessner, 1983). Al niño le serán reservadas pequeñas flechas, muy sencillas, de astil simplemente aguzado, pero eficaces para aprender a tirar con los vecinos de su misma edad, corriendo para disparar sobre una bola de látex lanzada a toda velocidad por una pendiente o intentando esquivar las flechas arrojadas en tiro rasante entre dos grupos de alegres chi-

Fig. 7. Hombres en parada, con motivo de una fiesta del Pandano rojo.
Sinak (Kp. Paniai), grupo damal.

quillos, mientras las niñas se ríen a carcajadas y aplauden a los más valerosos. Normalmente, la posesión de las primeras flechas de guerra se hace efectiva a partir de la ceremonia de iniciación en la que el muchacho pasa del mundo femenino al masculino, una forma de re-nacimiento totalmente controlada por los hombres (Godelier, 1982). Es entre los 15 y 25 años cuando las puntas de flecha aparecen más diversificadas en los wano, sin perjuicio de exhibirse con algunas de las flechas de hierro martilleado o con punta de hueso, que son las de los enemigos tradicionales de las Tierras Bajas; es una buena manera de mostrar a todos cuáles son sus capacidades en la guerra y/o el intercambio. A medida que pasan los años, los hombres aprenderán a fabricar ellos mismos las magníficas flechas de guerra y algunos se convertirán en especialistas, tanto en esculpir los elaborados dentados que mantendrán la armadura en el interior de la carne de los enemigos (fig. 8), como en trenzar y ajustar las largas tiras de esparto que permiten fijar las puntas de flecha en el astil.

Fig. 8. Esculpiendo los dientes de una flecha, con los incisivos de media mandíbula de roedor marsupial.
Soba (Kp. Jayawijaya), grupo hupla del sur del Baliem.

Pero, más allá del discurso de los hombres, casi idéntico de un pueblo a otro, podemos entrever algún tipo de determinismo en la forma y la popularidad de las flechas. En porcentaje, se observan notables diferencias entre las flechas de los wano –para quienes la guerra consiste más en escaramuzas que en grandes batallas, mientras que la caza es el deporte de los hombres por excelencia– y las flechas de los dani del sur del Baliem –para los que la caza se limita a abatir pájaros y ratas, mientras que la guerra es una preocupación casi cotidiana (Peters, 1975; Larson, 1987). Entre los primeros predominan las flechas lisas de bambú, de fabricación rápida, destinadas a la caza (aunque las flechas de guerra alcanzan el 50% del total); en los segundos, donde la caza es casi inexistente, el 79% de las armaduras tienen muescas o dentados complejos. Si bien la expansión territorial se practica raramente a través de la guerra –momento en que, según se dice, derramar sangre humana también favorece la fertilidad de los huertos–, ésta permite expresar la fuerza y virilidad de los hombres en combates ritualizados que pueden llegar a enfrentar a centenares de guerreros, pero donde la muerte de un solo hombre provoca inmediatamente el cese de la batalla (Heider, 1970), hasta que se reanuda la guerra con la finalidad de equilibrar el número de víctimas en cada campo. Y es que hasta en la muerte y

Fig. 9. Momia ahumada, con una redecilla en la cabeza fijada con la cuerda de un arco (tira de mimbre).
Jiwika (Kp. Jayawijaya), grupo dani del centro del Baliem.

Fig. 10. Limpieza de un huerto antes de la plantación. Pyramid (Kp. Jayawijaya), grupo dani del norte del Baliem.

momificación de algunos líderes de guerra encontramos la «cuerda» de mimbre del arco, enrollada en anillos que permiten fijar la redecilla de la cabeza (fig. 9).

En un mundo donde la exhibición en público es más bien masculina, las mujeres se vuelven discretas, a menudo silenciosas; se levantan muy temprano para ir al huerto donde plantan, desbrozan, recolectan bajo la mirada perdida de algunos guerreros que se encargan de su seguridad (Heider, 1970), mientras fuman hojas de tabaco maduradas bajo el voladizo de la casa de los hombres y comentan las noticias del valle.

El palo cavador es su herramienta para trabajar la tierra, una vez que los hombres han removido el suelo y cavado las zanjas con sus largos y pesados bastones acabados en espátula (fig. 10). Entre los wano, el palo cavador de las mujeres generalmente no es más que un útil ocasional, un segmento de madera muerta recogido por el camino y abandonado nada más irse del huerto; en estos huertos abiertos en la vieja selva secundaria, el trabajo del suelo es casi inexistente y el pequeño palo cavador sirve para desbrozar superficialmente y recoger cada día los tubérculos para la cena. Contrariamente, en el valle del Baliem –y por lo general en todas las zonas con una fuerte densidad de población donde la selva deja paso a barbechos cortos y plantaciones de árboles *Casuarina,* que proporcionan los elementos de arquitectura y la leña–, las mujeres trabajan el suelo más profundamente, con un palo cavador de entre 1 y 1,20 m de longitud (fig. 11). Elaborados en densa madera de laurel, como el arco de los hombres (Heider, 1970; Koch, 1984), estos palos cavadores intensamente pulidos por el uso, con puntas regularmente reavivadas mediante la azuela, han sido fabricados por los hombres, un padre, un hermano o un marido. Debido a la división sexual del trabajo, la mujer queda excluida de la fabricación de esta imprescindible herramienta agrícola; en definitiva, son los hombres quienes roturan la selva y remueven la tierra en profundidad, pero son las mujeres las que plantan, escardan, limpian, cosechan, transportan y cocinan. Por un

Fig. 11. Mujer removiendo la tierra de un huerto abancalado. Tangma (Kp. Jayawijaya), grupo dani del sur del Baliem.

lado un proceso duro, en el cual los hombres que trabajan en grupo cantan o dan gritos para mantener el ritmo de trabajo; por otro, un trabajo lento, repetitivo, discreto, para asegurar las necesidades cotidianas, pero también una tarea en la que las mujeres pueden estar juntas.

Se podría creer entonces que, entre los horticultores de las Tierras Altas de Nueva Guinea, la mujer queda parcialmente borrada del paisaje social, muy por detrás de estos guerreros que dan la sensación de organizar el mundo sólo para ellos. Por el contrario, los mitos –y ciertas iniciaciones– recalcan el papel de las Potencias Femeninas Primordiales:

> «Hemos flechado la Marrana original... la sangre se escurría de las heridas y, cada vez que la sangre caía al suelo, nuevos cerdos aparecían, y grupos de hombres, y después legumbres y tubérculos que desconocíamos. Todos estos cerdos, todos estos hombres... han salido de la sangre de esta Marrana y hemos construido casas sagradas en cada lugar donde la sangre fue derramada por el suelo» (Neyan Sab, grupo kim-yal, 1987 en: Pétrequin *et al.*, 2006).

La contradicción entre la parada de los hombres y lo que narra el mito es flagrante:

> *«Fue el perro quien salió primero de la cueva, y en sus orejas tenía semillas de calabaza, la misma que usamos para los estuches penianos. Los hombres salieron más tarde con redecillas, y luego las mujeres con arcos... Entonces los hombres dijeron a las mujeres "No podéis disponer de los arcos, no sois bastante fuertes; entregadlos a los hombres y a cambio os daremos las redecillas"...»* (Gemeinde Morip, grupo dani del norte del Baliem, 1987 en: Pétrequin *et al.*, 2006).

Desde estos tiempos míticos, las mujeres trabajan en los huertos, crían los cerdos y se encargan de la reproducción biológica del grupo (fig. 12), mientras que los hombres hacen a nuestros hijos guerreros, organizan el mundo y aseguran la reproducción social de la comunidad.

Fig. 12. El orígen del mundo en los mitos: las Potencias Femeninas y los cerdos. Volviendo del huerto. Angguruk (Kp. Jayawijaya), grupo yali.

## Bibliografía


BOISSIÈRE, M. (1999): *Ethnologie et rapports à l'environnement des Yali d'Irian Jaya (Indonésie).* Thèse de doctorat, Université de Montpellier II, UFR Sciences, Montpellier, multigraphié.

GODELIER, M. (1982): *La production des grands hommes. Pouvoir et domination masculine chez les Baruya de Nouvelle-Guinée.* Ed. Fayard, Paris.

GODELIER, M. (1996): *L'énigme du don.* Ed. Fayard, Paris.

HEIDER, K. G. (1970): *The Dugum Dani. A Papuan Culture in the Highlands of West New Guinea.* Ed. Wenner-Gren Foundation for anthropological research, New-York.

KOCH, G. (1984): *Malingdam, Ethnographisches Notizen über eine Siedlungsbereich im oberen Eipomek-Tal.* (Mensch, Kultur und Umwelt im zentralen Bergland von West-Neuguinea, 15), Dietrich Reimer Verlag, Berlin.

LARSON, G. F. (1987): *The structure and demography of the cycle of warfare among the Ilaga Dani of Irian Jaya.* Phil D. thesis, University of Michigan, Ann Arbor, University Microfilm International.

LEMONNIER, P. (1986): "The study of material culture today: toward an anthropology of technical system", *Journal of Anthropological Archaeology,* t. 5, 147-186.

LEMONNIER, P. (1987): «Le sens des flèches. Culture matérielle et identité ethnique chez les Anga de Nouvelle-Guinée ». *De la voûte céleste au terroir, du jardin au foyer.* Éd. de l'École des Hautes Etudes en Sciences Sociales, Paris, 573-595.

LE ROUX, C.C.F.M. (1948-1950): *De Bergpapoea's van Nieuw-Guinea en hun Woongebied.* E. J. Brill, Leiden, 3 vol.

LOUWERSE, J. (1998): *Una (West New Guinea) Worldview and a Reformed Model for Contextualizing Cross-Cultural Communication of the Gospel.* Phil D. Intercultural Studies Dissertation, Fuller Theological Seminary, School of World Mission, Ann Arbor, University Microfilms.

MURDOCK, G. P.; PROVOST, C. (1973): "Factors in the division of labor by sex: A cross-cultural analysis". *Ethnology,* t. 12, 203-225.

O'BRIEN, D. (1969): *The economics of Dani marriage: an analysis of marriage payments in a highland New Guinea Society*, Ph. D. Thesis, Yale, University of Yale, microfilm.

PETERS, H.L. (1975): "Some observations of the social and religious life of a Dani-group, Irian". *Bulletin of Irian Jaya Development,* t. IV, fasc. 2, Universitas Cenderawasih, Jayapura, 1-197.

PÉTREQUIN, A. M. y PÉTREQUIN, P. (1990): «Flèches de chasse, flèches de guerre. Le cas des Danis d'Irian Jaya (Indonésie)». *Bulletin de la Société Préhistorique Française*, t. 87, 10-12, 485-511.

PÉTREQUIN, A. M. y PÉTREQUIN, P. (2006): *Objets de pouvoir en Nouvelle-Guinée.* Éd. de la Réunion des Musées Nationaux, Paris.

PÉTREQUIN, P. y PÉTREQUIN, A. M., (1993): *Ecologie d'un outil: la hache de pierre en Irian Jaya (Indonésie).* Monographies du CRA, 12, éd. du CNRS, Paris, réédition 2000.

PÉTREQUIN P. y PÉTREQUIN A. M., (1992): «De l'espace actuel au temps archéologique ou les mythes d'un préhistorien». *Ethnoarchéologie: justification, problèmes, limites, XIIe Rencontres Internationales d'Archéologie et d'Histoire d'Antibes, 1991.* Éd. APDCA, Juan-les-Pins, 211-238.

PÉTREQUIN, P.; PÉTREQUIN, A. M.; WELLER, O. (2000): «Cuire la pierre et cuire le sel en Nouvelle-Guinée: des techniques actuelles de régulation sociale». *Arts du feu et productions artisanales, XXe Rencontres Internationales d'Histoire et d'Archéologie d'Antibes, 1999.* Editions APDCA, Antibes, 545-564.

PÉTREQUIN, P.; WELLER, O.; GAUTHIER E. *et al.* (2001): "Salt springs exploitation without pottery during Prehistory. From New Guinea to the French Jura". *Ethno-archaeology and its Transfers, BAR International Series,* 983, Archaeopress, Oxford, 37-65.

PLOEG, A. (1969): *Government in Wanggulam.* Martinus Nijhoff (Verhandelingen van het Koninklijk Instituut voor Taal-, Landen Volkenkunde, 57), La Hague.

POSPISIL, L. (1963): "Kapauku papuan economy." *Anthropology,* 67, Yale University ed., Yale.

SILLITOE, P. (1988): *Made in Niugini. Technology in the Highlands of Papua New Guinea.* British Museum Publications, London.

SILZER, P. J. y HEIKKINEN CLOUSE, H. (1991): "Index of Irian Jaya Languages. Irian». *Bulletin of Irian Jaya*, numéro spécial, Universitas Cenderawasih, Jayapura.

TESTART, A. (1986): *Essai sur les fondements de la division sexuelle du travail chez les chasseurs-cueilleurs,* Cahiers de l'Homme, XXV, éd. de l'Ecole des Hautes Etudes en Sciences Sociales, Paris.

WATANABE, H. (1975): "Bow and arrows in a West papuan Lowland community : a new field for functionnal-ecological study". *Occasionnal Papers in Anthropology*, 5, University of Queensland, Brisbane.

WELLER O.; PÉTREQUIN A. M.; PÉTREQUIN P.; COUTURAUD, A. (1996): «Du sel pour les échanges sociaux. L'exploitation des sources salées en Nouvelle-Guinée (Irian Jaya, Indonésie)». *Journal de la Société des Océanistes,* t. 102, fasc. 1, 3-30.

WIESSNER, P. (1983): "Style and social information in Kalahari San projectile points". *American Antiquity,* t. 48, fasc. 2, 253-276.

ZÖLLNER, S. (1977): "Lebensbaum und Schweinekult, Die Religion der Jali im Bergland von Irian Jaya (West-Neu-Guinea)". Theologischen Verlag Rolf Brockhaus, Darmstadt.

# INTERCAMBIANDO HERIDAS: LA VIOLENCIA MASCULINA RITUALIZADA O LOS DUELOS MURSI

David Turton

Los duelos son una actividad popular y valorada por los hombres mursi, especialmente por los hombres solteros. Es una forma ritual de violencia en la que hombres de las diferentes divisiones locales de la población mursi se enfrentan en cortos pero furiosos combates singulares, usando palos de madera de dos metros y vistiendo estilizadas ropas protectoras. Se han descrito frecuentemente como "peleas de palos" pero yo prefiero llamarlo duelos, o incluso "duelos ceremoniales", para enfatizar su naturaleza altamente convencional y ritualizada. A la hora de clasificarlos, sería mejor hacerlo como una forma de arte marcial.

Junto a los platos labiales de cerámica (o en ocasiones de madera) que llevan las mujeres mursi en sus labios inferiores (Turton, 2004), los duelos de los hombres mursi se han convertido en una pieza clave de su identidad, no sólo para los mismos mursi sino también para el mundo exterior. El palo de los duelos, como el plato labial, se ha convertido en un icono de su cultura material. Debido a que se realiza entre equipos de hombres que proceden de diferentes áreas locales (como el fútbol en nuestra sociedad), es tentador pensar en los duelos como una manera de expresar, y por ello de ayudar a controlar, la agresividad entre diferentes grupos locales. Entre los mursi se debe resaltar que los grupos locales compiten entre sí por los recursos naturales y, especialmente, por el agua y los pastos necesarios para el ganado. Aunque éste es, sin duda, uno de los factores de la cuestión, no llega, en mi opinión, a la raíz de aquello que convierte a los duelos en una clave de la cultura mursi. Para apreciar esto, creo que debemos ver los duelos no sólo como una expresión de antagonismo entre grupos locales, debido a la com-

* Este artículo se basa en materiales previamente publicados en Turton, 2002; 2003; y "en prensa".

petición por los recursos naturales, sino también, y en primer lugar, como una de las vías a través de las cuales se "constituyen" estos grupos. La misma interpretación se le puede dar, *mutatis mutandis*, a la guerra, que los propios mursi ven como algo análogo a los duelos.

### ¿Quienes son los mursi?

Los mursi son ganaderos y agricultores que suman menos de 10.000 personas y viven en las tierras bajas del sudoeste de Etiopia. Su territorio se encuentra en el valle del Omo, unos 100 km al norte de la frontera entre Etiopia y Kenia (fig. 1). Si bien normalmente los habitantes de las montañas y los oficiales del gobierno los describen como "nómadas", gente que va de un lugar a otro "colgando de los rabos de su ganado", los mursi dependen al menos en un 50% de la agricultura para su supervivencia, sobretodo del sorgo y el maíz. Hay dos cosechas al año, una a lo largo de las orillas del Omo, donde se practica la agricultura después de la inundación, y otra en los afluentes orientales del Omo, donde se abren áreas forestales para el cultivo aprovechando las lluvias. Los cultivos de inundación se plantan en septiembre y octubre, cuando retrocede la inundación, y se recogen en enero y diciembre. Los cultivos que aprovechan las lluvias se plantan tan pronto como caen las grandes lluvias, durante marzo y abril, y se recogen en junio y julio. No obstante, el comienzo, duración y distribución espacial de las lluvias varían considerablemente de un año al otro. Es esta impredicibilidad de las lluvias, unida a la limitación del área cultivable disponible tras la retirada de la inundación, lo que convierte a la cría de ganado en un recurso adicional vital para los mursi. Los bóvidos y el ganado menor, aparte de proveer una importante fuente de proteínas en forma de leche, sangre y carne, pueden ser intercambiados por grano en las tierras altas en los periodos de malas cosechas y representar para muchas familias la última defensa contra la hambruna.

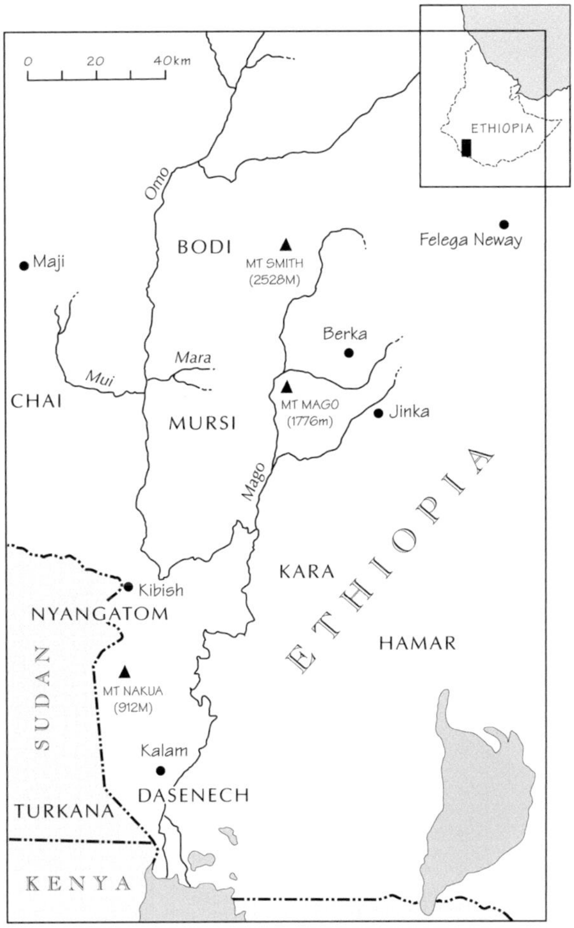

Fig. 1.- Ubicación del territorio mursi y sus vecinos en el bajo Valle del Omo.

Si bien no dependen prioritariamente de los productos ganaderos para su subsistencia, los mursi atribuyen al ganado una elevada valoración cultural, y virtualmente todas las relaciones sociales –sobre todo el matrimonio- están marcadas y validadas por el intercambio de ganado. La dote (idealmente compuesta por 38 cabezas de ganado) pasa de la familia del novio al padre de la novia, que tiene que hacer frente a las demandas de un amplio abanico de familiares, de diferentes clanes, que tienen derecho a compartir el ganado de la dote. Como en otros pueblos ganaderos del este africano, los hombres se agrupan en "grupos de edad", pasando a través de diferentes "grados de edad", desde guerreros a ancianos.

El liderazgo político es ejercido por aquellos individuos ancianos que han conseguido una posición de influencia en la comunidad local, en gran parte gracias a sus habilidades oratorias y de debate. El único rol de liderazgo formalmente definido en la sociedad es el de *komoru* o sacerdote (fig. 2), un oficio heredado que tiene un significado principalmente religioso y ritual. El sacerdote personifica el bienestar del grupo en su conjunto y actúa como medio de comunicación entre la comunidad y Dios *(tumwi)*, especialmente cuando ésta es amenazada por acontecimientos tales como la sequía, plagas en las cosechas y enfermedades.

Fig. 2.- Sacerdote *(komoru)* de la zona norte del territorio mursi, Komorakora, vestido con una piel utilizada habitualmente por las mujeres, ungiendo a los participantes para protegerlos de las heridas durante un combate de duelo en Warra, en la "casa" del *bhuran* de baruba. 1996.

Los mursi pasaron a ser parte del estado etíope en los últimos años del siglo XIX, cuando el emperador Menelik II estableció su control sobre lo que hoy es la región sur del país. Pero no debería considerárseles como una "cultura" o sociedad históricamente estática y territorialmente limitada. Son el producto relativamente reciente del movimiento migratorio a gran escala de un pueblo ganadero hacia las tierras altas etíopes. Tal como los conocemos hoy en día, son el resultado de tres movimientos de población independientes, como consecuencia de la creciente presión medioambiental debida a la rápida desecación de la cuenca del río Omo durante los últimos 150 a 200 años (Búster, 1971).

En primer lugar hubo una travesía del Omo desde el oeste hacia mediados del siglo XIX, que es considerada por los mursi como un acontecimiento histórico en la construcción de su identidad política actual. Posteriormente, en los primeros años del siglo pasado, se produjo otra migración hacia el norte en dirección a los territorios mejor irrigados del valle. Finalmente hubo un tercer paso que se inició a comienzos de los 80 y que llevó a los migrantes todavía más allá, a los altos llanos del Bajo Omo, en contacto cercano y regular con sus vecinos de las tierras altas, los agricultores aari. Cada una de estas migraciones se hacía, inicialmente, por un pequeño grupo de familias que viajaban a una distancia relativamente corta hasta un nuevo lugar en la frontera del área de su asentamiento. Una vez se establecían los pioneros, en los años siguientes les seguía un flujo de individuos y familias. Los emigrantes explicaban cada cambio como una respuesta a la presión medioambiental y como parte de un esfuerzo continuado para encontrar y ocupar un "lugar fresco", un lugar bendecido con bosque ribereño para el cultivo y praderas regadas para la cría de ganado.

Esta búsqueda de un "lugar fresco" acaba de forma abrupta en los últimos 20 años, ya que los mursi se han encontrado frente a las acciones mucho más radicales de "la ordenación del territorio" dirigidas por parte del estado etíope (Turton, 2005). Al mismo tiempo, crece constantemente la gama de artículos que se han convertido en necesarios para un estilo de vida satisfactorio, pero cuya producción está más allá de su capacidad tecnológica. Estos incluyen hoy en día bidones de plástico, cacerolas de aluminio, ropa de algodón, mantas y ropa fabricada comercialmente. También han entrado en un contacto, cada vez más, con el mundo de la última modernidad –representado, entre otros, por turistas, misioneros y antropólogos. Estas influencias han cambiado su visión sobre sí mismos como pueblo soberano e independiente, autosuficiente en un sentido material, así como los valores y aspiraciones que dan significado y propósito a sus vidas.

Fig. 3.- Participante de un *thagine* momentos antes del combate, en Gomai, valle de Elma. Octubre, 1969.

El cada vez más frecuente, y a menudo tenso, encuentro entre los mursi y los turistas extranjeros ofrece una imagen particularmente chocante. Los turistas llegan al Bajo Omo atraídos por la imagen que se les presenta en los folletos de las agencias de viaje como una de las últimas "tierras vírgenes" del mundo, habitada por animales salvajes, guerreros desnudos y –en el caso de los mursi- por mujeres portadoras de grandes platos labiales de cerámica en su labio inferior y por jóvenes que llevan sus bastones de duelo. En esta literatura turística, se presenta a los mursi como uno de los últimos pueblos "tribales" y "vírgenes" de África, que nadie que se aventure en el valle del Omo debería perderse. Sin embargo, irónicamente, su creciente dependencia del intercambio de mercado es lo que lleva a los hombres y mujeres mursi a jugar el papel degradante de los arquetipos primitivos, posando recubiertos de pinturas y envueltos en todo tipo de extraña parafernalia para que los turistas de paso los fotografíen a cambio de unos pocos *birr* (moneda etíope). Aunque deseado por ambas partes, este "encuentro" entre los mursi, pobres y fijados territorialmente, y los turistas, ricos y ambulantes, es tan incómodo para los que toman parte en él, como inquietante para los que son testigo de ello (Turton, 2004).

**Intercambiando heridas**

El combate de duelo (*thagine*) se prolonga normalmentedurante varios días, habiéndose preparado cuidadosamente durante los meses previos, con discusiones frecuentes tanto en el interior de cada grupo combatiente como entre ambos bandos. Se programa para un momento del año en el que haya disponibles abundantes alimentos, con el fin de que los participantes puedan estar bien preparados físicamente. Cuando finalmente tiene lugar, se hace con la máxima seriedad; un indicador es que se le describe frecuentemente como "guerra" (*kaman*). Y como la guerra, los combates de duelo no se ven como acontecimientos aislados o "excepcionales". Se consideran como parte de una serie continuada de acontecimientos, en los que cada bando, por turnos, visita la "tierra natal" del otro bando, con intervalos de hasta un año, para "intercambiar" sus "heridas" (*chacah muloi*). O, en el caso de la guerra, intercambiar muertes. Por lo tanto, a lo largo de estos periódicos combates de duelo, como en una guerra, los grupos locales se mantienen unidos por una continua relación de intercambio en la que cada episodio de hostilidad recuerda al último y mira hacia el próximo.

Fig. 4.- Combate de duelo (*thagine*). En la actualidad, se usan los mismos adornos y ropa protectora, o "kit", excepto los cascos, que antes eran trenzados con hojas de palmera y hoy han sido reemplazados por protecciones más efectivas, aunque menos pintorescas, realizadas a base de largos trozos de tela de algodón enrolladas en la cabeza. Gomai, en el valle de Elma. Octubre, 1969.

El arma de duelo es un bastón de madera (*donga*, plural *dongen*) de unos dos metros de largo (fig. 3), cortado de una de las dos especies de árbol del género grewia (*kalochi*). En posición de ataque, se coge el *donga* por su base con las dos manos, la izquierda por encima de la derecha, con el objetivo de asestar un golpe con el mango (nunca con la punta) en cualquier parte del cuerpo del oponente, incluida la cabeza, con la fuerza suficiente como para hacerlo caer (fig. 4). Los golpes se paran agarrando la base del donga con la mano derecha, mientras se desliza la mano izquierda hacia arriba del mango hasta el punto por encima del cual se recibe el golpe. Cada contendiente lleva un "equipo" de duelo (*tumoga*) que es a la vez protector y de adorno. Incluye una protección para la mano derecha hecha de cestería (figs. 3 y 5), protecciones para las espinillas hechas de piel de animales, anillos de cuerda de pita trenzados para proteger los codos y rodillas, una piel de leopardo sobre la parte delantera del tronco, una falda de piel cortada a tiras, y un cencerro atado a la cintura. La cabeza se protege enrollándola en largas tiras de algodón. Cuando contemplé por primera vez un duelo mursi, en 1970,

Fig. 5.- Dos jóvenes espectadores en un combate de duelo en el valle del Mago, en 1982.

la protección para la cabeza era un casco de forma elegante, de cestería, tejido de hojas de palmera *doum*. Estos cascos eran propensos a soltarse durante el combate, dejando al que lo llevaba expuesto a heridas potencialmente fatales. Ahora han sido totalmente remplazados por la más eficaz, aunque menos pintoresca, protección de tela de algodón, ya que ésta ha pasado a ser más accesible para los mursi debido a su creciente integración en la economía monetaria de las tierras altas. No sólo no se encuentran cascos *dongen* hoy en día en la tierra mursi, sino que se ha perdido la habilidad de hacerlos (fig. 6).

Los combates se controlan por uno o más árbitros (*kwethana*; singular *kwethani*) que mantienen a los contendientes separados con sus propios *dongen*, mientras se miran entre sí, listos para la lucha. Tan pronto como el árbitro retira sus *dongen* de entre los contendientes, estos se lanzan el uno hacia el otro con furia, aparentemente intentando causar al otro el mayor daño en el menor tiempo (fig. 7). La mayoría de los combates duran menos de un minuto y acaban con la intervención del árbitro.

Fig. 6.- Participante esperando que empiece un combate de duelo (*thagine*) en Gomai, en el valle de Elma. Octubre, 1969.

Para que un combate acabe con la victoria de uno de los contendientes, su oponente debe caer al suelo o retirarse herido (normalmente con los dedos rotos o magullados). En el primer caso, aunque no en el segundo, el vencedor es llevado a hombros de los compañeros locales de la misma edad a través del campo (fig. 8) y luego es rodeado por la chicas solteras del clan de su madre, sus "girl mother" (*dole juge*). Colocan pieles de cabra en el suelo para que se siente y le hacen sombra extendiendo sobre su cabeza telas de algodón sujetas con los palos de duelo. El simbolismo explícito es el de una madre protegiendo a su bebé del sol: "arropan a su hijo. ¿No se arropa a un bebé para protegerlo del sol?" Es probablemente esta costumbre la que dio origen a la creencia popular de que el vencedor de un combate de duelo puede elegir entre las chicas casaderas disponibles. De hecho hay una prohibición estricta sobre el matrimonio entre un hombre y una mujer del clan de su madre. Son estas mismas "girl mother" las que dan la bienvenida, con cuentas de collar como regalo, al hombre que vuelve de la guerra después de haber matado por primera vez.

Los contendientes en un duelo provienen de un mismo grupo de edad pero nunca del mismo clan. Un clan (*kabi*), de los que hay diecinueve, es una categoría patrilineal de personas que se supone descienden de diferentes coesposas del mismo hombre. Varían mucho en tamaño y, aunque hay cierta concentración local de miembros de ciertos clanes en áreas determinadas, los miembros del mismo clan pueden encontrarse dispersos a lo largo y ancho de la tierra mursi. La justificación de que los miembros de un mismo clan no deben competir en duelo entre ellos responde a la norma de la exogamia del clan, y de hecho la única forma de reestablecer relaciones pacíficas entre dos familias que se han visto envueltas en un homicidio es por medio de un matrimonio acordado entre una mujer de la familia del homicida y un hombre de la familia de la víctima. Si en un duelo se recibiese una lesión fatal entre hombres del mismo clan, sería imposible que la "hermana" del contendiente superviviente se casase con el "hermano" del hombre muerto, ya que los dos serían miembros del mismo clan.

Una justificación similar se da para otra de las normas del duelo, que un hombre no debería combatir con un miembro del clan de su madre (uno de los "hermanos de su madre") o con el hijo de una mujer de su propio clan (uno de los "hijos de sus hermanas"). Tal como se ha visto, un hombre no puede casarse dentro del clan de su madre y, en casos de homicidio en los que la familia del asesino no puede proporcionar una chica para casarla en la familia de la víctima, se acepta, y es un procedimiento común, que esa chica se consiga por parte de la familia del hermano de la madre del asesino. Por lo tanto, un hombre sólo compite en duelo con hombres cuyas "hermanas" pueda obtener en matrimonio. A todos los hombres que entran en esta categoría se les llama *miroga*, que es también el término utilizado para los enemigos, especialmente los ladrones de ganado de grupos vecinos.

Fig. 7.- Combate de duelo (*thagine*).

## Formando grupos

La clave es que los combatientes de los duelos siempre provienen de grupos locales diferentes dentro de la tierra mursi. La población se divide en cinco principales grupos locales o *buranyoga* (singular *buran*), que se llaman de norte a sur, baruba, mugjo, biogolakare, ariholi y gongulobibi (fig. 9). Como el término *buran* se refiere a un grupo de personas co-residentes, más que al espacio físico que ocupan, no es posible dibujar límites espaciales claros entre los *buranyoga.* Lo que les da su definición espacial no es que sus miembros vivan en unidades territoriales claramente delimitadas, sino que se mueven de un lado a otro, de forma coordinada, entre las mismas tierras que se destinan al cultivo que depende de la lluvia e inundación y al pastoreo de los bóvidos. En otras palabras, tienen focos territoriales más que límites territoriales.

Es importante señalar la reciente aparición de estas divisiones locales, especialmente las dos más septentrionales, la baruba y la mugjo, y los motivos de la expansión territorial. Hace unos ciento cincuenta años, los antepasados de los mursis actuales, que llegaban del oeste, comenzaron a ocupar la orilla este del Omo en una travesía que se considera hoy, según la historia oral, un acontecimiento decisivo en la creación de la identidad específicamente mursi. En los primeros años de este siglo comenzó una segunda emigración hacia el norte, hacia el río Mara, que forma el límite norte del territorio mursi. Las dos migraciones representaron una expansión mursi en territorios anteriormente habitados por sus vecinos del norte, los bodi.

Fig. 8.- Participante de un *thagine*, que ha resultado ganador en su combate, siendo llevado a hombros por sus compañeros de edad, como celebración.

Antes de su marcha hacia el Mara, existían tres *buranyoga,* denominados de norte a sur, dola, ariholi y gongulobibi, compartiendo los dola el área ocupada en la actualidad por los biogolokare. Los nombres biogolokare, mugjo y baruba, que distinguen diferentes sub-unidades de los dola, empezaron a usarse gradualmente sólo después de que comenzase la emigración al Mara y cuando creció la población del área recién ocupada. Finalmente, sólo a partir de los últimos 10 a 15 años los nombres mugjo y baruba se han generalizado en el habla cotidiana. Por lo tanto, es evidente que esas divisiones locales de la población mursi no deberían considerarse como estáticas e históricamente permanentes. La imagen es de fluidez y cambio, con creación de nuevas identidades y modificación de las viejas como resultado de la expansión hacia el norte. Una expansión que fue alimentada a lo largo de los años por una emigración continua, de sur a norte, de individuos y familias, facilitada en gran medida por matrimonios entre parientes, dando como resultado que los vínculos de pertenencia al clan y de afinidad, personificados por el intercambio y la cooperación económica, se ramifican por toda la población rebasando los límites *buranyoga.*

Los *buranyoga*, por lo tanto, son grupos "politico-territoriales": consiste en gente con intereses compartidos dentro de un territorio también compartido (Mackenzie, 1978) y que dirigen sus asuntos con relativa independencia de los otros grupos. Sin embargo, tales grupos no se originan por casualidad, no aparecen por un proceso "natural". Esto no quiere decir que factores prácticos y materiales, tales como la topografía, la ecología y la necesidad de cooperación en la explotación y defensa de los escasos recursos, no tengan un papel clave en la determinación del tamaño, forma y distribución de grupos "sobre el terreno". Simplemente, significa que tales factores no bastan para explicar el sentido de pertenencia, el sentimiento de unión que experimentan los miembros de ese grupo y que no sólo los prepara sino que les hace desear hacer grandes sacrificios en su nombre. Si esos sentimientos fuesen simplemente el resultado de la co-residencia y el reconocimiento de intereses comunes, sería difícil justificar aquellos casos (la mayoría) en los que el límite del grupo no está marcado por una característica natural que aísle eficazmente a todos sus miembros de un contacto regular con miembros de cualquier otro grupo. Como nos enseñó el antropólogo Frederick Barth hace tiempo, los límites étnicos se crean por contacto, no por aislamiento (1961). Si los límites grupales fuesen una simple extensión de la cercanía física e interés común, sería difícil explicar por qué la gente debería sentirse más unida a miembros de su propio grupo, a los que nunca han visto, que a miembros de un grupo diferente con los que están en contacto diario y amistoso.

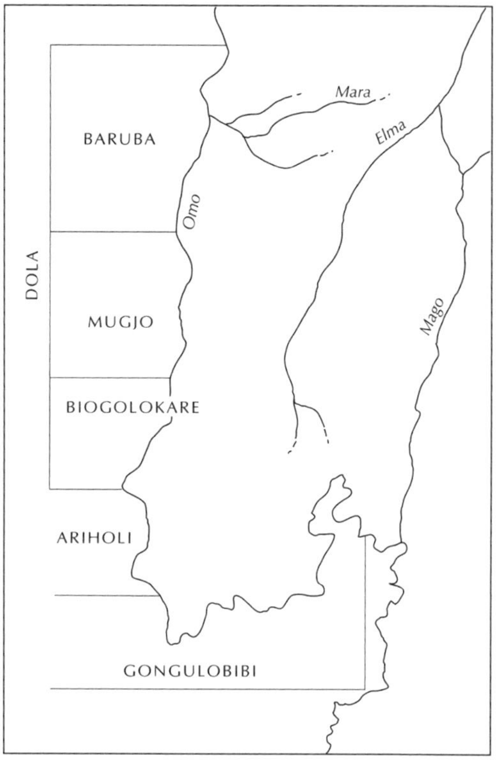

Fig. 9: Grupos locales (*buranyoga*) en tierra mursi. El mapa muestra las divisiones territoriasles de las riberas del Omo donde los miembros de cada grupo practican el cultivo por inundación durante, aproximadamente, la mitad del año (Octubre-Febrero).

Parece razonable asumir que los límites grupales no son un simple producto de la necesidad práctica sino que deben de ser considerados en un sentido conceptual. ¿Qué implica hacer tal distinción conceptual? En primer lugar, la afirmación de la existencia de al menos dos grupos diferenciados ("ellos" y "nosotros"). En segundo lugar, y como consecuencia lógica de esa misma afirmación, parece evidente la existencia de un espacio social más amplio en el cual ambos grupos coexisten. Como el filósofo E. Leclau ha expresado: "no puedo afirmar una identidad diferencial sin distinguirla de un contexto y, en el proceso de hacer la distinción, sostengo el contexto al mismo tiempo" (1995,100). La afirmación de la diferencia es, por lo tanto, una afirmación de la igualdad, de algo compartido, de un "contexto" o espacio social común. Se deduce de todo ello que el proceso de "creación/formación" de un grupo se convierte en su separación o "extracción" de otros grupos similares. Es esta "desvinculación" de un grupo local respecto de otro lo que se consigue en el país mursi a través de la violencia masculina ritualizada del duelo.

Como ya he sugerido, el mismo análisis puede aplicarse a la más letal, pero igualmente ritualizada, forma de la violencia masculina que llamamos guerra. La guerra mursi es ritualizada en, al menos, dos sentidos. Primero, existe la conexión íntima y esencial entre la guerra y los rituales que la llevan a finalizar: hay un sentido real por el cual los mursi y sus vecinos van a la guerra para conseguir la paz. Segundo, es un hecho que el papel social del guerrero corresponde a una categoría de la población ritualmente definida: es decir, los hombres que ocupan el rango de edad conocido como *rora* (singular *rori*).

Como ya se ha apuntado, la expansión hacia el norte de los mursi durante este siglo se consiguió a costa de sus vecinos del norte, los bodi. La guerra jugó un papel importante en esta expansión, aunque no se trata, de ningún modo, de un asunto sencillo según el cual los mursi disponían de una fuerza militar superior a la de los bodi y por ello ocuparon su territorio. Para entender el papel de la guerra en la expansión mursi debemos considerar que la guerra y los medios rituales por la que ésta finaliza son partes integrantes del mismo proceso.

Fig. 10.- Ganador del combate llevado a hombros por sus compañeros en Warra, en la tierra del *bhuran* de Baruba. 1996.

Desde que acabó en 1975 el último período de intensas hostilidades mursi-bodi, los mursi no han ampliado su frontera norte más allá del Mara. Lo que ha cambiado, como resultado de la guerra, es el estatus legal de la frontera. El final de las hostilidades se selló mediante un ritual de paz, celebrado en el río Mara, a unas 20 millas al norte de donde otro ritual similar marcó el fin de las hostilidades, a principios de los años 50. Por lo tanto, desde el punto de vista de los mursi la guerra de principios de los 70 se hizo para adquirir un nuevo territorio en un sentido *de jure*: establecer su derecho legal hasta el Mara, que *de facto* venían ocupando desde los años 20. Así, la celebración de una ceremonia de paz en un determinado lugar es una forma de legitimar la propiedad de un territorio que anteriormente les pertenecía solo *de facto*. En ese caso, se puede decir que el objetivo de la ceremonia es dar ratificación legal a una invasión territorial que ya había ocurrido, pacíficamente, antes de que la lucha empezase (Turton 1978, 99). Esta conexión entre la guerra y el ritual de pacificación es una de las razones por la que describo la guerra como violencia masculina ritualizada. Otra razón es que aquellos que van a la guerra, al igual que los que toman parte en los combates de duelo, son miembros idóneos de una categoría de población definida ritualmente: son miembros del rango de edad *rora*.

Este es el rango más joven del hombre adulto y, mientras se ocupa este grado, es cuando se espera que los hombres se casen por primera vez, normalmente al final de su veintena. La transición a este rango se produce mediante una ceremonia llamada *nitha,* que también tiene el efecto de agrupar a los nuevos titulares del rango en un grupo de edad del cual serán miembros hasta que mueran. La previsión formal es que el *rora* permanezca soltero aunque se trate de hombres físicamente maduros cuyo principal rol social se define como militar y de "seguridad". Se espera de ellos que proporcionen a la comunidad un "preaviso" de ataque por medio de expediciones regulares de exploración por las áreas fronterizas y que sean los primeros en movilizarse en el caso de producirse uno de estos ataques. También se espera de ellos que ejecuten las órdenes de los ancianos en asuntos que conciernen a la disciplina de los miembros recalcitrantes dentro de la misma comunidad. Y del mismo modo, se espera de ellos que asuman el papel principal en los combates de duelo. Si reunimos todas estas expectativas y obligaciones, el modo normal en el que un informante resumiría el rol del *rora* sería decir que son el "ejército" o la "policía" (*holiso*) de los mursi. El grado en el que esta imagen ideal del *rora* como "guerreros" solteros se aproxime a la realidad dependerá de la longitud del intervalo de tiempo entre las sucesivas incorporaciones. Se dice que en el pasado este intervalo era normalmente de unos siete años, lo que significaría que la mayor parte del *rora* estaría comprendido entre el final de la década de los veinte años y el comienzo de los treinta. Hoy, sin embargo, prácticamente todo el *rora* son hombres casados y muchos de ellos tienen hijos casados. Ello se debe a que la última ceremonia de constitución, realizada en 1991, tuvo lugar treinta años después de la anterior. De este modo, aquellos que constituyeron la nueva incorporación en 1991, y que por lo tanto se convirtieron en *rora*, tenían entonces entre 15 y 45 años de edad, estando hoy (2008) entre 32 y 62 años.

**Conclusión**

El duelo y la guerra tienen al menos cuatro características comunes. En primer lugar, son actividades características de la misma categoría específica de género y edad de la población. Segundo, se anima y se prepara a los hombres para que se ocupen de ambas actividades a través de su participación en los rituales de las organizaciones de grupos de edad. Tercero, enfrentan a los hombres como miembros de grupos político-territoriales diferentes. Y cuarto, son el resultado de una relación recíproca entre estos grupos. Cada caso de guerra o duelo se considera como un "retorno", justificado y llevado a cabo en razón de un caso previo, y por lo tanto como parte de un "intercambio" continuo –de muertes en el caso de la guerra y de heridas en el caso de los duelos. Según el argumento de este artículo, estas similitudes superficiales se explican por un propósito ritual subyacente común: la afirmación de identidades político-territoriales separadas y el derecho de estas identidades a la coexistencia dentro de un espacio social compartido. ¿Por qué debería de haber periódicamente una necesidad de afirmar estas identidades?

En el caso de los duelos se puede señalar que los *buranyoga* no tienen límites territoriales claramente definidos, sólo ámbitos territoriales; que las identidades grupales locales están en un proceso de reajuste y cambio continuo; que las lealtades basadas en la co-residencia y los intereses compartidos en las actividades económicas cotidianas se entrecruzan con las lealtades basadas en la pertenencia al clan y la afinidad; que el duelo incluso da prioridad a las lealtades basadas en relaciones de parentesco pan-mursi, garantizando, por ejemplo, que hombres del mismo clan pero de distinto *buranyoga* no compitan en duelo entre ellos; y que el duelo es, sin embargo, el único contexto en el que se trazan de forma regular y visible los límites entre un *buran* y otro. El duelo, en otras palabras, afirma una identidad política mursi global, o un "contexto", incluso distinguiendo y enemistando diferentes "subgrupos" políticos de los mursi (fig. 10).

En el caso de la guerra, podemos destacar que los límites físicos entre aquellos grupos que van a la guerra tampoco están claramente definidos, ni físicamente ni a través del tiempo; que, como en el duelo, la guerra es una relación recíproca, basada por lo tanto en convencionalismos y expectativas comunes, no menos en cuanto a su resolución; y que la relación no excluye lazos cercanos de intercambio económico y ayuda mutua. La guerra, en otras palabras, afirma valores compartidos que trascienden los límites políticos (culturales, lingüísticos), incluso distinguiendo y enemistando diferentes grupos políticos. Esto lo hace no tanto a través de las normas que rigen la conducta de las hostilidades (aunque tales reglas existen), como a través de las normas que gobiernan su resolución.

De acuerdo con ello, el duelo y la guerra se comprenden mejor como afirmaciones rituales de un derecho a la diferencia dentro de un contexto de valores compartidos. Esto no significa que "expresen" o "representen" diferencias ya existentes, como aquellas que han sido bien establecidas por una necesidad práctica y que los participantes dan por sentado. Tales diferencias difícilmente necesitarían de una afirmación ritual periódica. El argumento que se ha expuesto es que el duelo y la guerra son los que "hacen" esta diferencia. Son actos de comunicación no verbal que tienen la cualidad que el filósofo J. L. Austin denominó como comunicación verbal "interpretativa": originan lo que afirman o expresan. Tal como Austin explicó, a modo de ejemplo, "cuando digo, ante el registro o el altar... 'sí, quiero', no estoy informando sobre una boda, estoy consintiendo en ello" (Austin, 1982, 6).

**Bibliografía**


AUSTIN, J. L. (1982): *How to do things with words*. Oxford University Press, Oxford.

BARTH, F. (1961): "Introduction". *Ethnic Groups and Boundaries: The Social Organisation of Cultural Differences,* Little Brown & Co., Boston.

BUTZER, K. W. (1971): "Recent History of an Ethiopian Delta". *Departament of Geography, University of Chicago Research Paper*, Chicago, 136, 1-184.

MACKENZIE, W. (1978); *Political Identity*. Manchester University Press, Manchester.

TURTON, D. (1978): "Territorial Organisation and Age amongst the Mursi", in P. Baxter and A. Almagor (eds.) *Age Generation and Time: Some Features of East African Age Organisation,* Hurst, London.

TURTON, D. (2002): "The same only different: war and duelling as boundary marking rituals in Mursiland, southwestern Ethiopia", in T.J. Cornell and T.B Allen (eds.) *War and Games,* Boydel and Brewer, Woodbridge, Suffolk.

TURTON, D. (2003): 'Making groups in Mursiland: the ritualised male violence of duelling and warfare', in Carmen Porras Gomez (ed.) *The Catalogue of the Anthropology Museum of the Institute of Ethiopian Studies*. Addis Ababa University, Addis Ababa.

TURTON, D. (2004): "Lip-plates and "the people who take photographs": uneasy encounters between Mursi and tourists in southern Ethiopia". *Anthropology Today,* 20 (3), 3-8.

TURTON, D. (in press): "Mursi". *Encyclopaedia Aethiopica, Vol. III,* Harrassowitz Verlag, Hamburg.

# LA PINTURA Y SU SIMBOLOGÍA EN LAS COMUNIDADES DE CAZADORES-RECOLECTORES DE LA TIERRA DE ARNHEM


INÉS DOMINGO

SALLY K. MAY


El arte rupestre no es más que la expresión gráfica de un sistema de creencias y una tradición socio-cultural cuyo significado es tan sólo accesible para aquellos que han sido formados en el seno de la cultura o tradición que lo creó. Y en este sentido es comparable a cualquier manifestación gráfica cuya finalidad es la de ilustrar un relato o transmitir un mensaje, ya sea para educar, regular, recordar o señalizar. El arte rupestre combina el arte civil y el religioso, pero también la información que en la actualidad transmitimos por medio de señales y carteles, mediante códigos que aprendemos a lo largo de la vida, que se transmiten de generación en generación y cuya finalidad es la de regular el comportamiento en sociedad.

Descifrar el arte rupestre de otra cultura es como viajar a otro país en el que desconoces el contexto socio-cultural. Las señales, las imágenes y los códigos dejan de tener significado y de transmitirte información. Y por tanto ignoras cómo comportarte, cómo llegar a un lugar, dónde encontrar lo que buscas, cuáles son tus obligaciones, qué peligros hay, etc. Mientras que una guía del viajero o un amigo local pueden iniciarte en la cultura de otro país, cuando viajamos al pasado las posibilidades de descifrar los mensajes transmitidos por el arte rupestre quedan reducidas a la identificación visual del tema representado, pero perdemos el relato al que se vincula y por tanto el significado del mensaje transmitido. Como arqueólogos, mediante el análisis del contexto arqueológico o del lugar que ocupa una representación en el paisaje y en el panel, tratamos de deducir la función o el mensaje transmitido, pero el desconocimiento de las tradiciones socio-culturales a las que se vincula limita en gran medida nuestras interpretaciones.

En la actualidad, son pocas las culturas en las que el arte rupestre todavía forma parte de la simbología de una cultura viva y, por tanto, en las que aún podemos acceder a su significado guiados por los conocimientos de los autores o sus descendientes. Entre los pocos ejemplos destaca el arte rupestre australiano de lugares como la Tierra de Arnhem (Territorio del Norte, Australia), donde el impacto de la invasión europea fue menor que en otros territorios del mismo país y permitió la conservación de una de las tradiciones pintadas más longevas de la humanidad.

Fig. 1. *Ngarrbek* (equidna) pintado por Bobby Nganjmirra en la Galería Principal de la colina de Injalak en 1985 (Kunbarlanja, Oeste de la Tierra de Arnhem).

Es cierto que la interpretación de cerca de 40000 años de manifestaciones rupestres a partir de los conocimientos de poblaciones aborígenes actuales no está exenta de polémica (Rosenfeld, 1992; Layton, 1992 y 2006), ya que muchos investigadores debaten si el arte rupestre antiguo puede ser interpretado de forma válida a partir de la etnografía moderna. Como cualquier forma de expresión cultural, el arte aborigen no es una tradición estática e invariable, sino que se ha ido adaptando constantemente a los cambios socioculturales y medioambientales que se han producido a lo largo del tiempo (Taçon y Chippindale, 1998). Muchos motivos contienen diversos significados simbólicos, que no sólo varían entre clanes o grupos lingüísticos sino también entre los miembros de una misma comunidad dependiendo del estatus social del individuo, de su género o de su grado de iniciación. Por tanto, si existen cambios a nivel sincrónico, es más que probable que las interpretaciones y el simbolismo hayan variado también a lo largo del tiempo. Pero lo que no varía es la forma en la que el arte se utiliza para marcar el territorio y transmitir conocimientos acerca del paisaje, la sociedad, la cultura y las formas de comportamiento.

Si el arte rupestre en Europa no puede estudiarse disociado del contexto arqueológico, en Australia debe tener en cuenta además la información etnográfica, que nos permite descifrar prácticas socio-culturales completamente imperceptibles cuando se desconoce el contexto social. Y es ahí donde reside la importancia de los estudios etnoarqueológicos, en proporcionar las claves para determinar las diversas funciones del arte en sociedades actuales ( Lewis y Rose 1988; Layton 1992; Taylor, 1996) y utilizar esas claves para establecer modelos de análisis del arte rupestre antiguo. Uno de los ejemplos que mejor ilustra la importancia de la etnografía en la interpretación del arte rupestre es la experiencia de Macintosh en su estudio de los motivos rupestres del yacimiento de Doria (Barunga, Territorio del Norte). En su primera visita al conjunto Macintosh efectuó una interpretación de los motivos faunísticos a partir de la identificación literal de lo representado (Macintosh, 1952), que resultó errónea en un 90 por cien al visitar nuevamente el conjunto con el anciano aborigen y líder del clan Bagual,

Lamjerroc (Macintosh, 1977). En esa revisión del conjunto Macintosh pudo determinar que existen al menos cuatro niveles de interpretación de los motivos, que van desde el simple reconocimiento visual de lo representado a una interpretación mucho más compleja vinculada con su significación simbólica, y que las posibilidades de acceder a la significación sin conocer el contexto socio-cultural son más bien escasas.

Con este ejemplo no queremos decir que la etnografía sirva para interpretar el arte prehistórico, sino tan sólo para pulir nuestros métodos de análisis, abrir interrogantes en nuestras interpretaciones, proponer otras vías de investigación y cuestionarnos la validez y limitaciones del método arqueológico. Es en este sentido dónde se sitúa nuestro interés por revisar el significado del arte rupestre en un contexto etnográfico.

**La supervivencia de una tradición: el arte rupestre de la Tierra de Arnhem.**

Durante cerca de 50.000 años la Tierra de Arnhem fue habitada por diversas poblaciones aborígenes con una forma de subsistencia basada en la caza y la recolección. Estas poblaciones se organizaban en bandas flexibles, con un intercambio de miembros mediante matrimonios (Layton, 1985), y su dependencia de fuentes de alimento estacionales les llevaba a practicar una cierta movilidad. La relativa simplicidad tecnológica de las poblaciones aborígenes contrastaba con su sofisticada vida socio-cultural, con una mayor inversión de tiempo en los aspectos culturales que en las actividades económicas, que explica el elevado desarrollo del arte, la religión y las leyes (Flood, 1997, 2). El mantenimiento de esas complejas estructuras sociales y de esas sofisticadas prácticas culturales se garantizaba por medio de la celebración de ceremonias de forma cíclica (Smith and Burke, 2007, 41). Ceremonias en las que religión, historia y leyes se fundían a través de danzas, música, relatos y diversas formas de arte (corporal, rupestre y mueble), para garantizar la formación adecuada de las nuevas generaciones, el intercambio de ideas, de novedades o de materias primas, para acordar matrimonios o para despedir a los difuntos.

La llegada de los europeos al Territorio del Norte tuvo un fuerte impacto en las formas de vida de estas poblaciones cazadoras-recolectoras (ver Salazar, en este mismo volumen) y quedó registrada con gran detalle en los abrigos rupestres, como había sucedido con anterioridad durante el contacto con las poblaciones asiáticas (los denominados macassan). Sin embargo, la interrupción de su sistema económico y su sedentarización no provocaron la desaparición de su sistema de creencias y sus prácticas socio-culturales. Bien al contrario, se vieron reforzados como un símbolo de identidad frente a los "otros" y como una forma de garantizar la transmisión de conocimientos ancestrales a las nuevas generaciones.

La tradición de pintar y repintar, o rejuvenecer, los abrigos rupestres constituía una parte integral de su obligación de custodiar el territorio y reavivar su significación cultural y sus tradiciones ancestrales, prestando homenaje o renovando los lazos con espíritus y ancestros. Simbolizaba por tanto la renovación cíclica de la vida, como se regenera el paisaje tras la estación seca o como el espíritu de los difuntos retorna a las aguas y a su forma de espíritu niño por medio de rituales en los que sus huesos se impregnan con colorante rojo (Taçon, 1989, 334). La actividad de renovar o rejuvenecer los abrigos tan sólo podía llevarse a cabo por individuos relacionados con el yacimiento por descendencia, es decir, miembros del clan local al que pertenecen las tierras donde se sitúa el conjunto (Smith, 1996; Layton, 2006). Pero la dislocación cultural que tuvo lugar tras la llegada de los europeos ha provocado la casi total desaparición de esta práctica y el consecuente deterioro de los conjuntos, sin que vuelvan a ser rejuvenecidos y por tanto sin que sus poderes puedan ser revitalizados. Así mismo, los movimientos de población consecuencia de la llegada de los europeos han provocado que en muchos lugares los aborígenes se vieran desprovistos de su conexión con sus territorios tradicionales y que muchos se encuentren custodiando yacimientos o motivos que fueron creados por otros y, por tanto, con un arte que en origen estaba vinculado a un paisaje cultural distinto. Pero por lo general, la reacción de las poblaciones trasladadas fue marcar los nuevos territorios con nuevos símbolos de su identidad e incorporar los símbolos de esos nuevos territorios a la cosmología local (Clarke, 2003, 95-96), cuyo significado era conocido por algunos miembros de los clanes aledaños. Y es que una forma de garantizar la supervivencia de las tradiciones culturales de un clan, en caso de que su población desaparezca, es estableciendo alianzas con los clanes vecinos que llevan a compartir dicha información con miembros selectos de los otros clanes a través de ceremonias.

Fig. 2. La multitud de superposiciones es la mejor evidencia de la continuidad del uso de los mismos abrigos a lo largo de diversas generaciones y la importancia del lugar frente a los motivos representados (Galería Principal de la colina de Injalak, Kunbarlanja, Oeste de la Tierra de Arnhem).

A pesar de los cambios, los conocimientos ancestrales se siguen transmitiendo por medio de ceremonias, danzas, canciones y relatos que tienen su representación gráfica en los abrigos pintados, y en la actualidad también sobre corteza de árbol o papel (ver Taylor, 1996, May, 2006 y en prensa). Los ancianos todavía conocen y siguen revelando a las nuevas generaciones las tradiciones rupestres de la región, la importancia de determinados enclaves y el significado de una gran parte de las representaciones, así como los sistemas de creencias y las tradiciones orales que se asocian a ellas. Algunos de ellos aún rememoran cuando en un pasado reciente todavía habitaron, durante la estación húmeda, los abrigos pintados por sus padres y ancestros e incluso recuerdan los nombres de algunos de los autores. En 1986 Taçon pudo constatar todavía la realización, tan sólo un año antes, de varios motivos llenos de simbolismo en la colina de Injalak (Gunbalayna, Arnhem Land) por el anciano aborigen Bobby Nganjmirra y su hijo Alex, entre los que destaca la representación de Likanaya, madre de los espíritus niños, un echidna o un cocodrilo de agua dulce de la galería principal (Taçon, en prensa) (fig. 1).

La multitud de motivos (grabados, abrasiones, pinturas, dibujos, siluetas e impresiones) y superposiciones que pueblan los abrigos pintados de la tierra de Arnhem son la evidencia más clara de la longevidad de esta tradición artística y de su progresiva adaptación a los cambios socio-culturales y medioambientales que se han producido a lo largo de la historia (fig. 2). No se trata por tanto de una expresión cultural estática e invariable, sino que los cambios estilísticos y temáticos constituyen un testimonio significativo de los eventos y cambios que fueron dando forma a su historia (Taçon y Chippindale, 1998).

Para los investigadores resulta fundamental establecer la cronología y la seriación estilística del arte que puebla las galerías pintadas de la Tierra de Arnhem (ver las propuestas de Brandl, 1973; Chaloupka, 1984 y 1993, Lewis, 1988 o Taçon 1989a) con objeto de reconstruir su evolución y cuantificar los cambios socio-culturales y medioambientales pasados. Sin embargo, para las poblaciones indígenas las superposiciones no son más que una evidencia de la continuidad de una tradición iniciada por los Seres Ancestrales en el pasado, durante el *Tiempo de los sueños* (palabra europea utilizada para identificar el periodo de la creación en la mitología aborigen) (Walsh, 1988, 35), pero que perdura en el presente. Ese arte, íntimamente relacionado con la organización social, los derechos ancestrales sobre el territorio y las relaciones entre los diversos grupos que mantienen la propiedad tradicional de cada territorio, combina creencias encriptadas, que han perdurado cientos de generaciones, con imágenes de su mundo espiritual y terrenal, sus pertenencias materiales o su sentido de identidad individual y de grupo (Mulvaney y Kamminga, 1999, 357). Es este segundo aspecto el que nos interesa revisar en este artículo para comprender la complejidad de la realidad que gobierna la producción artística pasada y presente.

### El arte del *Tiempo de los Sueños*

Como ya hemos señalado con anterioridad, la mayor parte del arte aborigen, toma su significado del *Tiempo de los Sueños*, al igual que las ceremonias, las danzas y las canciones a las que se vincula. Durante el *Tiempo de los Sueños* los Seres o Espíritus Ancestrales procedentes del cielo, del mar o de la tierra recorrieron el territorio australiano dando forma al paisaje con sus acciones y creando la vida a su paso. Con posterioridad crearon a la población, a la que dotaron de diversas lenguas y les otorgaron la "Ley", que sancionaba el orden social y que especifica las prácticas socioculturales, religiosas y los códigos de conducta que debían seguir a lo largo de su vida (fig. 3). Una vez finalizado su trabajo regresaron a la tierra, pasando a formar parte del paisaje bajo la forma de ríos, montañas, rocas, árboles, etc. De este modo, la totalidad del paisaje no es sólo una evidencia de sus acciones pasadas, sino de su presencia en el presente (Chaloupka, 1993, 45).

La ocupación humana del territorio quedó condicionada a la celebración de ceremonias y la transmisión de esas leyes sagradas que conmemoraban las acciones de los Seres de la Creación (Flood, 1997, 349 y 352). Tras la creación y hasta la actualidad, a cada uno de esos lugares por los que pasaron o en los que se transformaron los Seres de la Creación se les asocia leyendas específicas que narran su creación, canciones y danzas que conmemoran dichos eventos y motivos pintados que representan a los seres legendarios en su forma humana o animal (Layton, 1985, 435-436). Las canciones y los relatos narran dónde habitan todavía esos Seres y las influencias que pueden ejercer, ya sean benignas o maléficas. También relatan cuáles son los mejores lugares y las mejores épocas para la caza, dónde encontrar agua en los años más secos, y especifican cuáles son las reglas de parentesco y las normas correctas a la hora de elegir pareja. El arte del *Tiempo de los Sueños* no es más que la expresión gráfica de esas creencias y valores sagrados y, en consecuencia, una guía para desplazarse por el territorio habitado y convivir en sociedad, pero también un documento que revela la pertenencia de la tierra a un determinado clan.

Algunos mitos sobre los principales Seres de la Creación son compartidos por diversos clanes o grupos lingüísticos. Pero en tal caso los clanes se identifican con la parte específica del trayecto que recorre sus tierras y con la leyenda concreta que tuvo lugar en esa parte del trayecto. Asociadas con esos puntos existen canciones, leyendas y representaciones rupestres específicas, que se diferencian de las de otros clanes a nivel estilístico y técnico, pero también a nivel temático (Layton, 1985, 436). Así mismo, existen otros mitos de carácter local que se vinculan al territorio de un solo clan (Taylor, 1996). De este modo, los motivos y sus diseños internos constituyen la muestra más evidente de la posesión de un territorio, por lo que los derechos de uso de esos motivos y temas y de las leyendas y canciones asociados a ellos son guardados celosamente. Sin embargo, aunque el clan controla el acceso a sus yacimientos sagrados que delimitan su territorio, no mantiene el uso exclusivo de los recursos de ese territorio, que pueden ser utilizados por miembros de otros clanes (Layton 1985, 436) tras obtener el permiso del clan pertinente. Esa fluidez en el movimiento por el territorio de otros clanes y en el acceso a sus recursos es paralela a la fluidez de los derechos a pintar motivos de tipo no sagrado (Rosenfeld, 1997, 294), ejecutados en contexto públicos. Los diversos clanes mantienen así mismo ciertos lazos de unión al participar de tradiciones religiosas comunes, acordar matrimonios, o al compartir dialectos o derechos de explotación del territorio. Sin embargo, los diseños, ya sean corporales, muebles o rupestres, suelen ser específicos de un clan, por lo que utilizar los diseños de otro sin obtener su permiso es considerado como una usurpación de sus tierras y de su identidad (Layton, 1985, 437; Smith, 1992). Solo en circunstancias específicas, como cuando se establecen alianzas, se permite la utilización de los diseños de otros.

Fig. 3. *Yirgana* es uno de los principales ancestros para los aborígenes de la Tierra de Arnhem, al ser la responsable de su creación. En las quince bolsas transportaba a niños que fue distribuyendo por el territorio, enseñándoles una lengua y asignándoles un clan.

Por tanto, el arte rupestre está íntimamente ligado con el lugar, con los Seres de la Creación que actuaron en dicho lugar y que dieron identidad al territorio y con la población o el clan al que pertenece dicho territorio. El arte es pues la evidencia material de los derechos inalienables del clan sobre un determinado lugar (ya sea un yacimiento o un territorio).

En la actualidad, a pesar de que la práctica de pintar sobre las pareces rocosas ha sido casi totalmente sustituida por las pinturas sobre corteza o papel, los derechos sobre qué diseños, qué motivos o qué relatos puede pintar cada individuo en función de su estatus social y su lugar de procedencia se mantienen. Por lo tanto, motivos, temas y diseños revelan la identidad del individuo y el lugar que ocupa en la sociedad, en el espacio y en el tiempo.

**Los autores**

En la Tierra de Arnhem la tradición de pintar sobre paredes rocosas se atribuye fundamentalmente a los hombres (Chaloupka, 1993, 23), especialmente cuando se trata de contextos ceremoniales o sagrados. Esta asunción se debe fundamentalmente al hecho de que la mayoría de las investigaciones que se han llevado a cabo en la Tierra de Arnhem han sido realizadas por hombres, que trabajan a su vez con los hombres aborígenes, en una sociedad en la que la información no se comparte entre géneros o entre categorías sociales distintas. No obstante la documentación de negativos y siluetas de manos de mujeres y niños en diversos abrigos evidencian, cuanto menos, su participación en los contextos públicos.

Fig. 4. El gigante *Luma Luma* es la única representación en la colina de Injalak cuya autoría se atribuye al propio ser maléfico que se emplazó a sí mismo en la pared.

Como señala Smith (1992 y en prensa), en teoría el artista puede pintar lo que quiera, pero en la práctica está condicionado por las normas que regulan la producción artística en los diversos contextos de uso. La producción y el mantenimiento del arte está regulada por reglas que fueron establecidas por los ancestros durante el *Tiempo del Sueño* y que restringen las posibilidades de introducir variaciones estilísticas o temáticas, especialmente en los contextos sagrados. Existen reglas estrictas sobre quién puede pintar cada diseño, el contexto en el que puede ser pintado, y en el caso de objetos sagrados, quién tiene permiso para verlos (Isaacs, 1984: 34). Ciertas danzas, canciones y diseños son custodiados por determinados individuos, que los han heredado de sus antepasados como heredaron los derechos sobre la tierra o a desempeñar determinados roles en determinadas ceremonias. Por tanto nadie más puede utilizar los mismos diseños sagrados, que se convierten en un símbolo de identidad y de estatus social. Dado que las imágenes están vinculadas con determinados enclaves del paisaje, usar los motivos de otra persona o de otro clan sería como pretender la posesión de sus tierras (Smith, 1992). Sin embargo, la ejecución de representaciones en contextos no sagrados está menos regulada (Rosenfeld, 1997, 296-297).

Diversas investigaciones etnográficas han demostrado que a la hora de diferenciar diversos tipos de arte, los Aborígenes no prestan atención a la cronología, sino a los autores y al contexto de realización, que les lleva a diferenciar tres tipos de arte (Rosenfeld, 1997):

- El arte rupestre atribuido a los Seres de la Creación. Se trata por lo general de un arte sagrado y lleno de simbolismo que se atribuye a dos tipos de autores. Ciertas representaciones se consideran efectuadas por los *Mimih*, Seres de la Creación y parientes de los actuales *Mimih* que habitan en los escarpes y se esconden entre las grietas. Los Aborígenes creen que los *Mimih* fueron los primeros pintores y enseñaron a pintar a sus antepasados, pero también cómo cazar, trocear o cocinar a los animales, así como las canciones y las danzas utilizadas en sus ceremonias (Chaloupka, 1993, 64). Así mismo existen representaciones atribuidas a Espíritus Ancestrales, seres maléficos o criaturas peligrosas que se situaron a sí mismos en las paredes (fig. 4) y que por tanto no son consideradas representaciones pintadas sino los propios Seres Ancestrales (Chaloupka, 1993, 87). En ocasiones estas representaciones aparecen en lugares inaccesibles, lo que se considera una clara evidencia de que no fueron realizados por humanos. No obstante, aunque su autoría no es atribuida a los humanos, en algunas comunidades los ancianos tienen la obligación de garantizar su preservación mediante repintes o retoques realizados en contextos rituales, para asegurar que las estaciones vuelven en el momento adecuado, así como para garantizar la abundancia de recursos y el nacimiento de nuevas generaciones. Algunos investigadores reacios a la utilización de conocimientos etnográficos para la interpretación del arte rupestre consideran que la atribución de su autoría a los Seres de la Creación es una clara evidencia de que esa manifestación pertenece a una tradición extinguida y que ha perdido su significado. Sin embargo, la adscripción de un origen espiritual al arte es un aspecto esencial del sistema de creencias aborigen (Layton, 1992). Es más, en la actualidad se sabe que en ocasiones los aborígenes reencarnan a los seres de la creación y atribuyen la autoría del arte a esos seres mientras efectúan ellos mismos las representaciones (Layton, 2006), como una forma de garantizar la continuidad de sus creencias. Una costumbre que nos recuerda nuestra tradición de los Reyes Magos o Papá Noel, cuya finalidad no es engañar a los niños sobre quién les hace los regalos, sino mantener viva una tradición cultural.

- rupestre creado por los humanos, que narra eventos del *Tiempo de los Sueños*, ya sea pasados o presentes, y que por tanto tiene una simbología sagrada. Este tipo de representaciones a menudo se consideran evidencia de la relación existente entre el artista, su familia, el paisaje y determinados Seres de la Creación.
- El arte rupestre creado por los humanos, que refleja sus preocupaciones (magia de amor, conmemoración de eventos o con finalidad educativa) o sus actividades cotidianas (como escenas de caza o pesca). Se trata por lo general de un arte realizado en contextos seculares, de carácter público.

**Los temas**

En la Tierra de Arnhem los aborígenes efectuaron representaciones sobre una variedad de temas entre las que se incluyen los mencionados Seres Mitológicos, pero también figuras humanas, marsupiales, pájaros, peces, reptiles, huellas, etc, así como diseños abstractos.

La mayoría de las representaciones guardan estrecha relación con la religión y codifican diversos niveles de información que son revelados a los miembros de la comunidad de forma gradual en base a su edad, su género, su grado de iniciación y su filiación social. En la actualidad cuando los aborígenes ofrecen una interpretación al visitante, generalmente ésta es básica, la misma que se le daría a un niño no iniciado. Los conocimientos más profundos sobre el significado, tales como las referencias a símbolos sagrados utilizados y otros detalles, se reservan para los ancianos de las comunidades que han alcanzado la madurez ritual.

Fig. 5. Aunque podría parecer una escena de caza, se trata en realidad de una lección de moral que muestra las consecuencias de transgredir las leyes. El individuo trasgresor (izquierda) fue "cantado" por los miembros de su comunidad para que los espíritus malignos penetraran en él, para darle una lección, y después le persiguieron y lo mataron.

Junto a las representaciones sagradas existen multitud de motivos realizados exclusivamente para pasar el tiempo o para narrar historias en contextos públicos durante las largas horas que los aborígenes pasaban en los grandes abrigos rocosos protegiéndose de las lluvias durante la estación húmeda (Layton, 2006). En ese caso las representaciones son simplemente registros de caza y pesca o de actividades de índole más cotidiana, aunque no por ello están exentas de significación cultural.

Entre los temas representados destacan a grandes rasgos:

- Representaciones de espíritus, que pueden adoptar forma humana o animal, o una combinación de ambas, pero que incluyen cierto grado de distorsión o elementos no humanos (fig. 5);
- Seres ancestrales.
- Representaciones de los propios aborígenes, pintándose a sí mismos y a sus parientes utilizando armas y herramientas, cestos, bolsas, redes, así como adornos corporales y vestidos. Cuando representan escenas narrativas, los artistas dibujan claramente diversas actividades en las se plasma el comportamiento humano y sus relaciones sociales. Es por ello que el arte rupestre de esta región constituye una muestra inigualable para estudiar la evolución de los útiles y el adorno de estas poblaciones (Chaloupka y Giuliani, 2005) (fig. 6).

Fig. 6. En ocasiones los aborígenes se pintan a sí mismos en situaciones diversas, como las representaciones de guerreros del yacimiento de *Wulk* (próximo a Kunbarlanja), en las que se recoge con todo detalle su armamento (propulsor, lanzas y hachas que penden de la cintura o de la mano del guerrero), su equipo (cestos en los que transportan sus pertenencias, como los palos para hacer fuego) y sus adornos.

- Manos en negativo o en positivo, generalmente consideradas marcas personales o como la firma del artista, que muestra la asociación de un determinado individuo con un lugar (Taçon, 1994: 123), (fig. 7).
- Imágenes de brujería o hechizos amorosos: por lo general se trata de representaciones humanas (hombres o mujeres), que adoptan posturas ridículas o aparecen en posición invertida y con los genitales distorsionados y cuya finalidad es provocar la enfermedad o la muerte de la persona "a la que se canta" (fig. 8).

Fig. 7. Las representaciones de manos se utilizaban con frecuencia para marcar la presencia de un individuo en un abrigo, en ocasiones como símbolo de propiedad de un individuo o un clan.

• Alimento y medicinas (ya sea de origen vegetal o animal). En el arte rupestre existen numerosas muestras de recursos vegetales y animales que han sido utilizados por los aborígenes durante generaciones como alimento o como medicina. Su presencia en el arte les recuerda dónde y en qué estación encontrarlos, pero también cómo procesarlos y en qué contexto pueden ser utilizados. En la colina de Injalak (Gunbalanya), las representaciones de pescado, ya sea troceado o completo pero con subdivisiones internas, se utilizan para enseñar cómo procesar la carne y qué partes son las más valoradas a la hora de realizar la distribución del alimento (fig. 9). Pero el pescado no es sólo alimento, sino que es un símbolo poderoso de vida y su representación puede utilizarse a su vez a modo de mapas que muestran los territorios de diversos clanes, para relatar historias del *Tiempo de los Sueños* o incluso para otros propósitos más restringidos (Taçon, 1994, 124).

Fig. 8. Algunas representaciones tienen la finalidad de causar enfermedades o incluso la muerte de un individuo que ha trasgredido la ley. Pero esta forma de magia también se utiliza con posterioridad contra mujeres infieles o amantes que han rechazado las atenciones de un hombre (colina de Injalak).

A su vez, los diversos temas muestran variaciones dependiendo del estilo personal, del clan o del grupo lingüístico, por lo que en un solo motivo pueden quedar reflejados diversos niveles de identidad (Taçon, 1994, 124). Así mismo, cada motivo o tema no tiene un solo significado, sino que suele contener significados múltiples dependiendo del contexto de interpretación (Clarke, 2003). Esos cambios de significado según el contexto no son ajenos a nuestra cultura o religión, en la que la figura de un gallo puede simplemente indicar la presencia de una carnicería, o representar las tres negaciones de San Pedro a Dios en la religión cristiana.

La clasificación de los motivos en figurativos o no figurativos carece de significación para los aborígenes, para los que lo importante es el mensaje codificado en la imagen. Como ya hemos señalado en líneas anteriores, los conocimientos sobre el *Tiempo de los Sueños*, y en consecuencia la capacidad de identificar lo representado, se revelan de forma progresiva a lo largo de la vida del individuo, pero queda reservado a un determinado género, a los ya iniciados o a los ancianos que han alcanzado la madurez espiritual. Por tanto, nadie, ya sea una persona, un clan o un grupo lingüístico, conoce más que una pequeña parte de todos los relatos de la creación (Mulvaney y Kamminga, 1999,77) y por tanto de la significación de lo representado.

Tras el contacto con las diversas culturas de exploradores e invasores que llegaron a Australia (en primer lugar los macassan procedentes de diversas islas asiáticas y más tarde los primeros europeos) el arte aborigen sufrió algunos cambios significativos. A los temas del imaginario local se incorporaron representaciones de objetos, animales y figuras humanas que evidencian claramente la cultura del "otro". Pero mientras para algunos investigadores se trata simplemente de imágenes seculares del encuentro entre dos culturas (Chaloupka, 1979; Layton, 1992) para otros la representación de objetos, primero macassan y posteriormente europeos, siguió cargada del simbolismo propio del arte aborigen (Frederick, 1999).

**El arte del contacto: continuidad o ruptura del simbolismo tradicional.**

Como arte de contacto se debe entender a las manifestaciones rupestres producidas durante y tras el contexto de un intercambio socio-cultural (Frederick, 1999:34). Durante mucho tiempo los investigadores australianos han considerado como arte de contacto a las representaciones de objetos o individuos foráneos, ya fueran macasar o europeos, pero no al resto de representaciones que se producen en el mismo contexto siguiendo las convenciones y el simbolismo tradicional aborigen. Sin embargo, como señalan McNiven y Russell (2002), esa interpretación deja de lado la respuesta de los aborígenes a esas incursiones, en los casos en los que se siguen utilizando los motivos tradicionales para enfatizar la relación de los aborígenes con el territorio y para significar el tema de las relaciones sociales.

La relación entre las poblaciones aborígenes y los contactos con macassan y europeos fueron notablemente distintas. Con los macassan los aborígenes establecieron relaciones relativamente cordiales, probablemente debido a que se trataba básicamente de visitas anuales, sin ocupación permanente del territorio aborigen. Los macassan ejercieron una enorme influencia no sólo en el arte sino también en los mitos, los ritos y la cultura material de los aborígenes, que todavía se evidencia en ceremonias y canciones actuales. Muchos elementos decorativos adoptados por el arte aborigen a partir de esos contactos podrían haber sido tomados de los diseños de las telas y los cestos macassan: como los rellenos de rombos, de trama cruzada o en forma de diamante de diversos motivos parietales (Chaloupka, 1993). Esos diseños, lejos de constituir una mera copia artística sin ninguna carga simbólica, pasaron a formar parte de la identidad aborigen reflejando una vez más la identidad del artista y su pertenencia a un determinado clan o grupo lingüístico, por lo que fueron cargados de significación cultural. A pesar de los cambios aportados por las poblaciones macassan, las novedades introducidas no llegaron a transformar el estilo de vida cazador-recolector aborigen.

Por el contrario, el contacto con los europeos fue mucho más trágico, ya que vinieron para quedarse y en muchas áreas desposeyeron a los indígenas de sus tierras. El arte rupestre aborigen pasó a combinar los motivos tradicionales con motivos europeos (armas, caballos y ovejas, hombres con sombrero, etc). Pero estas representaciones no constituían simplemente un reflejo pasivo de los tiempos cambiantes, sino que se convirtieron en una forma de reafirmación de los derechos inalienables de los aborígenes sobre la tierra. Los motivos de tipo europeo no constituían meras ilustraciones de las novedades recién llegadas, sino que fueron impregnados con valores aborígenes con objeto de volver a ganar el control sobre el territorio y los recursos. Como señalan McNiven y Russell, puede que su representación tuviera lugar en el contexto de ceremonias para favorecer su acceso a dichos objetos, o incluso que el objeto pasara a ser vinculado con las acciones de los Seres de la Creación. Un buen ejemplo de ello es la consideración de las armas como el origen del rayo y del trueno entre algunas poblaciones aborígenes de Queensland (Menson 1986 según cita en McNiven y Russel, 2002, 34), por lo que su representación pasó a jugar un papel simbólico en las ceremonias celebradas para provocar un aumento de las lluvias.

La respuesta de los aborígenes a la invasión fue por tanto física y espiritual. Así mismo se produjo un aumento significativo del arte de tipo mágico, para tratar de controlar el asesinato masivo de aborígenes y la introducción de enfermedades por los europeos. No obstante, en este segundo caso no está claro si los aborígenes atribuyeron las enfermedades a los europeos o las atribuyeron a un comportamiento inadecuado de los propios aborígenes y por tanto la magia estaba destinada a castigar a los propios indígenas responsables de las enfermedades (Chaloupka, 1993). Por último, el arte mantuvo su valor como delimitador territorial, aunque esta vez como una forma de reafirmar la posesión y el control del territorio aborigen frente a los europeos.

Fig. 9. En la colina de Injalak abundan las representaciones de *Barramundi,* completos o troceados (como en esta imagen). La forma más sencilla de transportarlo es cortando la cabeza y sujetándolo por las agallas (izquierda). Así mismo, es importante aprender qué a trocearlo y distinguir qué partes son las más valoradas a la hora de distribuirlo.

## Conclusión

En la Tierra de Arnhem las poblaciones aborígenes todavía conservan una gran cantidad de información acerca del significado y la función del arte rupestre que puede ser de gran utilidad para la construcción de una metodología de análisis del arte rupestre antiguo mucho más crítica. Si bien es cierto que se trata de información de culturas contemporáneas, también lo es que los relatos narrados en fechas recientes varían sólo ligeramente de los recogidos por los primeros etnógrafos a principios del siglo pasado (Taçon, 1989b). Al margen de la perduración temporal del relato, lo importante desde el punto de vista arqueológico es que la etnografía nos ayuda a entender las dificultades de reconstruir el significado y la función del arte rupestre cuando se desconoce el contexto socio-cultural.

Entender cómo funciona el arte en una sociedad resulta clave para entender las posibles causas de su variación en relación con la estructura social, el contexto de uso y los cambios que se producen en espacio y tiempo para adaptarse a las nuevas realidades socio-culturales y medioambientales.

Para los aborígenes de la Tierra de Arnhem el arte rupestre ha servido como de forma de transmitir su relación con el paisaje y con los seres que lo habitan. A medida que las representaciones se iban perdiendo, se fueron añadiendo otras nuevas. Pero lejos de olvidarse las representaciones antiguas, pasaron a formar parte del imaginario colectivo y a ser interpretadas como evidencia de los ancestros, los espíritus, los Seres poderosos de la creación, los Seres malignos y las fuerzas de la naturaleza. La diferencia fundamental reside en la concepción del tiempo distinta entre la cultura aborigen y la europea (ver Smith en este volumen). Y mientras para nosotros el pasado ha terminado y está separado del presente, para los aborígenes de la Tierra de Arnhem el pasado continúa en el presente y se mantiene vivo a través del rejuvenecimiento del arte que renueva los vínculos con los antepasados.

Para los investigadores las transformaciones temáticas y estilísticas en el arte rupestre son una evidencia visual de los cambios que han tenido lugar a lo largo de la historia en la Tierra de Arnhem. Esas transformaciones tienen su origen en cambios medioambientales que se evidencian en la fauna representada, en las transformaciones tecnológicas que tuvieron lugar *in situ* y que se evidencian en los cambios en el armamento utilizado a lo largo de la secuencia, o en las situaciones de contacto con otros grupos aborígenes o con culturas foráneas como los macasar o los europeos.

Fig. 10. La tradición artística y los relatos asociados a ellas continúan transmitiéndose sobre corteza o papel. Raphalia Badari (izquierda) y Sharon Nawirridj con una pintura realizada por el artista Wilfred Nawirridj (Kunbarlanja, 2007).

La combinación de ambos conceptos de interpretación del arte rupestre nos proporciona una visión enriquecedora de la importancia del arte para las sociedades pasadas y presentes, ya que el registro pintado de la Tierra de Arnhem nos informa tanto sobre la identidad social e individual de los artistas, su lugar en la sociedad y en el territorio, como sobre los cambios tecnológicos y medioambientales, los conflictos o los intercambios culturales que se han producido a lo largo de la historia en ese territorio.

Afortunadamente, a pesar de que la práctica de pintar en abrigos rupestres ha disminuido notablemente, la transmisión de conocimientos a través del arte (fig. 10) todavía se mantiene viva gracias a la continuidad de la tradición artística sobre corteza o papel.

**Bibliografía**


BRANDL, E. (1973): *Australian Aboriginal Paintings in Western and Central Arnhem Land*. Australian Institute of Aboriginal Studies, Canberra.

CLARKE, P. (2003): *Where the ancestors walked.* Allen and Unwin. Crows Nest.

CHALOUPKA, G. (1979): "Pack-bells on the rock face: aboriginal paintings of European contact in north-western Arnhem Land". *Aboriginal History,* 3 (1-2), 92-95.

CHALOUPKA, G. (1984): *From Palaeoart to Casual Paintings*. Northern Territory Museums and Art Galleries, Darwin.

CHALOUPKA, G. (1993): *Journey In Time. The worlds longest continuing art tradition.* Reed books, Sydney.

CHALOUPKA, G. y GIULIANI, P. (2005): "Strands of time". En Hamby, L. (ed) *Twined together.* Injalak Arts and Crafts. Gunbalanya, 3-17.

FLOOD, J. (1997): *Rock Art of the Dreaming. Images of Ancient Australia.* Angus & Robertson, Sydney.

FREDERICK, U. K. (1999): "At the centre of it all: contructing contact through the rock art of Watarrka National Park, central Australia". *Archaeology in Oceania,* 34 (3), 132-144.

ISAACS, J. (1984): *Australia's living heritage. Arts of the Dreaming.* J.B. Books, Marleston.

LAYTON, R. (1985): "The cultural context of hunter-gatherer rock art". *Man,* 20 (3), 434-453.

LAYTON, R. (1992): *Australian Rock Art: a new synthesis.* Cambridge University Press, Cambridge.

LAYTON, R. (2006): "Habitus and narratives of rock art". En Keyser, J; Poetschat, G. y Taylor, M.W. *Talking with the past. The ethnography of rock art.* The Oregon Archaeological Society, Oregon, 73-99.

LEWIS, D. (1988): *The rock paintings of Arnhem Land, Australia: social, ecological and material culture change in the Post-Glacial period.* BAR International Series, 415.

LEWIS, D. y ROSE, D. (1988): *The Shape of the Dreaming.* Aboriginal Studies Press, Canberra.

MACINTOSH, N.G.W. (1952): *Paintings at Beswick Creek Cave, Northern Territory.* Oceania, 22, 256-74.

MACINTOSH, N.G.W. (1977): "Beswick Creek Cave two decades later: a reappraisal". In P.J. Ucko (ed.), *Form in indigenous art,* 191-97. Australian Institute of Aborigina Studies, Canberra.

MCNIVEN, I. J. y RUSSEL, L. (2002): "Ritual response. Placing marking and the Colonial Frontier in Australia". En David, B. Y Wilson, M. (eds) *Inscribed Landscapes.Marking and Making Place.* University of Hawaii Press, Honolulu, 27-41.

MAY, S.K. (2006): *Creating Community with an Art Centre in Indigenous Australia.* Tesis Doctoral Inédita, Australian National University, Canberra,

MAY, S.K. (en prensa): "Learning Art, Learning Culture: Art, Education, and the Formation of New Artistic Identities in Arnhem Land, Australia". En Domingo Sanz, I;Fiore, D. y May, S.K. (ed) *Archaeologies of Art. Time, place and identity.* Left CoastPress, California,

MULVANEY, J. y KAMMINGA, J. (1999): *Prehistory of Australia.* Allen and Unwin, Sydney.

ROSENFELD, A. (1997): "Archaeological signatures of the social context of rock art production". En Conkey, M.; Soffer, O.; Stratmann, D. y Jablonski, N.G. (eds) *Beyond Art: Pleistocene Image and Symbol,* University of California Press, San Francisco (Memoirs of the California Academy of Science, 23).

SMITH, C. (en prensa): "Panache and Protocol in Australian Aboriginal art". En Domingo Sanz, I; Fiore, D. y May, S.K. (ed) *Archaeologies of Art. Time, place andidentity.* Left Coast Press, California.

SMITH, C. (1992): "The articulation of style and social structure in Australian Aboriginal Art". *Australian Aboriginal Studies,* 1, 28-34.

SMITH, C. (1996): *Situating Style. An ethnoarchaeological study of social and material context in an Australian Aboriginal artistic system.* Tesis Doctoral Inédita. University of New England.

SMITH, C. y BURKE, H. (2007): *Digging it up down under.* Springer, New York.

TAÇON, P. S.C. (en prensa): "A visit to Injalak twenty years ago". En May, S. y Garde, M. *Injalak, Injalak Arts and Crafts,* Gunbalanya

TAÇON, P. S.C. (1989a): *From Rainbow Snakes to "X-ray" fish: The nature of the recent rock art tradition of Arnhem Land, Australia.* Tesis Doctoral inédita, Australian National University, Canberra.

TAÇON, P. S.C. (1989b): "From the Dreamtime to the present: the changing role of aboriginal rock paintings in Western Arnhem Land, Australia". *The Canadian Journal of Native Studies,* IX (2), 317-339.

TAÇON, P. S.C. (1994): "Socialising landscapes: the long-term implications of signs, symbols and marks on the land". *Archaeology in Oceania,* 29, 117-129.

TAÇON, P. y CHIPPINDALE, C. (1998): "Introduction: an archaeology of rock-art through informed methods and formal methods". In Christopher Chippindale & PauS.C. TAÇON (ed.), *The archaeology of rock-art,* 1-10. Cambridge University Press, Cambridge.

TAYLOR, L. (1996): *Seeing the inside: bark painting in western Arnhem Land.* Oxford University Press, New York.

WALSH, G.L. (1988): *Australia's Greatest Rock Art.* E.J. Brill/Brown and Associates, Bathurst.

# LA SUPERVIVENCIA DE LAS CULTURAS INDÍGENAS

CLAIRE SMITH

Este artículo aborda algunas formas en las que la investigación antropológica y arqueológica puede favorecer la supervivencia de las culturas indígenas. Así mismo reflexiona acerca de cómo llevar a cabo la investigación para que ayude a la transmisión de conocimientos culturales y tenga en cuenta el impacto de la globalización en la supervivencia cultural de los indígenas. Mi argumento se basa en la premisa de que la continuidad es la clave para la supervivencia de dichas culturas. Las culturas son entidades vivas que se transmiten de generación en generación y, si bien tienen manifestaciones materiales, son algo más que meros objetos materiales. La continuidad cultural depende del reconocimiento social de la identidad de una comunidad y de la transmisión de los productos culturales, tales como relatos, danzas, ritos religiosos, formas cotidianas de interacción, o de la reproducción de la organización de la sociedad como un todo. Toda esa miríada de factores que conforman lo que denominamos cultura tienen que ser transmitidos si queremos que haya una continuidad cultural si bien esto no excluye el cambio cultural. Los seres humanos son criaturas inteligentes y adaptativas y todas las culturas se hallan en un estado constante de "cambio", es decir, de convertirse en la manifestación futura de esa cultura.

Las disciplinas que estudian las culturas indígenas han heredado un legado que es profundamente colonial. El proceso colonial estaba basado en el deseo de conquistar mundos desconocidos. Los artefactos se convirtieron en la prueba material de la conquista de una nación, estableciendo lo que Said (1978) denomina la "posición de superioridad" de los colonizadores. El encuentro con el 'otro' cultural se teorizaba como 'exótico' y, como tal, digno de atención erudita. Las colecciones de los colonizadores representaban la paradoja de los mundos desconocidos, aunque conocidos. Cuando se exhibían en museos, cada nueva exposición era transformada por su contexto en símbolo de la capacidad europea de conocer y controlar los mundos inexplorados de las exóticas colonias. Como parte integrante del proceso se llevó a cabo una apropiación de las culturas indígenas lograda mediante la investigación y la representación. Sin embargo se prestó poca atención a las formas de supervivencia de estas culturas frente al ataque violento del colonialismo. De hecho, con frecuencia se asumía su desaparición y lo mejor que los colonizadores podían hacer por los pueblos indígenas era suavizar su agonía.

Fig. 1.- Noción indígena del concepto de tiempo.

Durante décadas, la invasión colonial española, inglesa, francesa, holandesa y portuguesa de diversas partes del mundo fue interpretada como el principio del fin de las culturas indígenas. Sin embargo, en la actualidad, es evidente que estas culturas han sobrevivido, aunque su aspecto exterior puede haber variado y algunas se encuentran todavía amenazadas. El resultado del proceso de contacto ha adoptado formas diversas en las distintas partes del mundo, del mismo modo que las culturas indígenas eran diferentes con anterioridad al contacto con los europeos. Si bien han experimentado cambios radicales en muchas partes, las poblaciones indígenas han utilizado la flexibilidad y la resistencia inherentes a sus culturas para asegurar su supervivencia. En este proceso, muchas de estas poblaciones han optado por adoptar los instrumentos que fueron utilizados para cambiarlos, controlarlos y desposeerlos, para asegurar la supervivencia de sus propias sociedades y valores culturales. El investigador anishinaabe, Gerald Vizenor (1999), acuñó el término "survivance" para describir el proceso.

En un mundo interconectado, las poblaciones indígenas se enfrentan a nuevos desafíos y a nuevas oportunidades. Los desafíos guardan relación con su entorno social y físico, con presiones concomitantes hacia el cambio radical, mientras las oportunidades descansan principalmente en las posibilidades para establecer alianzas globales con otras poblaciones indígenas y en el desarrollo de empresas económicas.

## Los sistemas de conocimiento indígenas y los occidentales

El desafío de favorecer la supervivencia de los grupos indígenas requiere el compromiso de respetar los valores culturales que informan sus sistemas de conocimiento y sus creencias. Aunque puede parecer una tarea sencilla, en realidad no lo es. Los indígenas y las sociedades occidentales tienen una visión del mundo muy diferente. Lo que significa que puede que ni siquiera seamos capaces de identificar algunas creencias importantes, y mucho menos de respetarlas. Todos interpretamos el mundo que nos rodea a través de la lente de nuestra propia experiencia, así que no resulta sencillo entender el mundo desde el punto de vista de la experiencia de otra persona especialmente cuando esa experiencia surge de una base cultural totalmente diferente. Por lo tanto, el primer paso para llevar a cabo una investigación que favorezca la supervivencia de estas culturas es tratar de comprender la visión que tienen del mundo.

Su visión del mundo y el enfoque científico occidental en la investigación representan dos sistemas de conocimiento bien diferenciados. La arqueología tiene sus raíces en la ciencia occidental y explica el pasado indígena a partir de la visión del mundo occidental. Sin embargo, existen diferencias significativas: por ejemplo, mientras la percepción occidental tiende a enfatizar las entidades limitadas, las discontinuidades y el individualismo, las indígenas tienden a acentuar los enlaces, las continuidades y las relaciones. Una diferencia fundamental es la relacionada con la noción de tiempo (figs. 1 y 2). Frente a la noción del tiempo lineal de los occidentales, en la que el presente surge del pasado a un ritmo regular y cuantificable, desde el punto de vista indígena el pasado permanece embebido en el presente, y, como tal, ejerce una influencia progresiva en la acción presente.

Los arqueólogos interpretan la cultura material indígena en términos de la lógica de las tipologías y de los sistemas de clasificación occidentales. Basados en sistemas de conocimiento occidentales, los sistemas de clasificación arqueológicos fallan, a menudo, a la hora de ver las posibles variables y las diferentes lógicas tipológicas de las sociedades indígenas. Sin embargo, la teoría y la lógica indígenas pueden jugar un papel a la hora de ampliar las interpretaciones arqueológicas, y aproximarlas a lo que pudiera haber existido en el pasado.

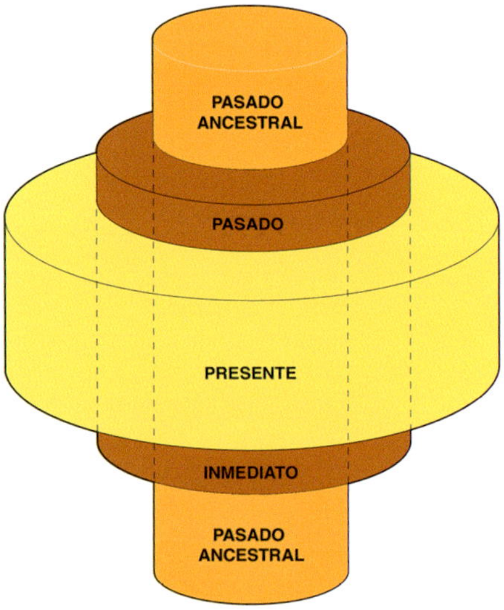


Fig. 2.- Noción occidental del concepto de tiempo.

La incorporación de los conocimientos indígenas a la práctica arqueológica es una tendencia minoritaria, aunque importante, en la arqueología de Australasia y norteamericana, y es evidente que algunos sistemas de clasificación entrelazan, cortan o incluso contradicen algunos tipos y clases arqueológicos considerados "normales". Por ejemplo, la arqueóloga Tara Million usa su herencia cree para guiar su práctica arqueológica, desde el diseño de su investigación al análisis o la excavación. Guiada por esa filosofía cree, Million desarrolló un modelo de investigación circular, con cuatro cuadrantes: la comunidad nativa, los académicos, el registro arqueológico y la interpretación (fig. 3). De este modelo deriva una práctica arqueológica en la que la excavación se lleva a cabo en círculos, en vez de en cuadrados. El trabajo de Million demuestra que el desarrollo de una arqueología indígena conlleva numerosos desafíos y negociaciones, como evidencia el siguiente pasaje:

> "Mis proyectos arqueológicos y mis publicaciones se basan en la construcción de un puente entre dos sistemas de valores en competencia y en conflicto: el aborigen y el académico occidental convencional… yo me veo arrastrada en varias direcciones contradictorias. Sobre la mesa se exponen valores culturales que van conformando las preguntas expresadas por cada individuo, aborigen o académico… En cambio, yo elijo llegar a acuerdos y negociaciones con estas dos culturas específicas" (Million 2005, 51).

La supervivencia de los valores culturales indígenas es factible utilizando dichos valores para guiar las prácticas de investigación. Pero, para que esos conocimientos indígenas pasen a ocupar un papel central, son necesarios cambios sustanciales en dichas prácticas de investigación:

> "Si nos fijamos en algunos de los conceptos que tienen estas comunidades sobre el pasado, las formas tradicionales de enseñar su historia, su patrimonio y sus restos ancestrales, y el papel y la responsabilidad de los conocimientos de la investigación para las comunidades, estaremos en disposición de concebir un tipo de práctica arqueológica muy diferente –aquella que pone énfasis en la ética y en la justicia social destinada a una audiencia más amplia y diversa" (Atalay 2006, 295-96).

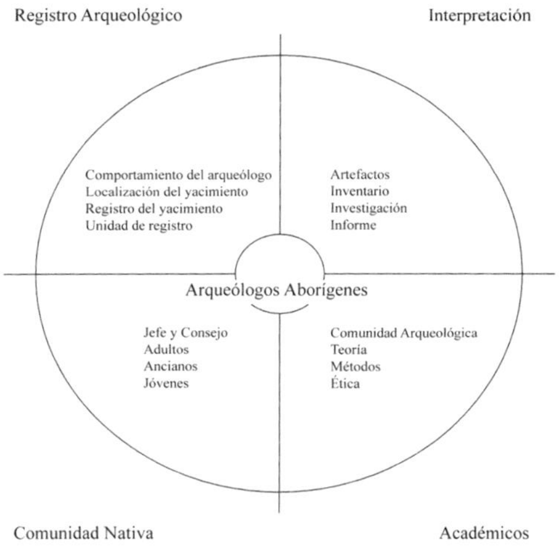


Fig. 3.- Modelo de investigación circular de Tara Million

Este enfoque puede hacer que la investigación adquiera un mayor valor para las comunidades indígenas y reforzar así las bases para garantizar su supervivencia cultural. No basta con que los investigadores enseñen a las comunidades una versión occidental de cómo funciona el mundo, sino que tenemos que proporcionar a los miembros de la comunidad una plataforma a partir de la cual poder guiar las prácticas de la disciplina, de modo que tengan significado y sean útiles para ellos, en relación a la perpetuación de sus propios sistemas de conocimiento. De esta manera, la investigación puede ser incorporada dentro del conjunto de herramientas que garanticen la supervivencia cultural.

## Propiedad intelectual y propiedad cultural

La protección de la propiedad intelectual y cultural indígena es esencial para la supervivencia de sus valores culturales, pero en ocasiones la protección de estos derechos de propiedad parece reñida con el avance del conocimiento científico. El debate sobre 'a quién pertenece el pasado' es especialmente acalorado cuando implica la propiedad intelectual y cultural de las poblaciones indígenas (Nicholas y Bannister, 2004; Smith y Wobst, 2005). Las críticas indígenas de la práctica arqueológica han movilizado a la disciplina en direcciones constructivas. Estas críticas, como las anteriores opiniones de marxistas y feministas, ponen hoy en día un nuevo énfasis y abren nuevas perspectivas para el desarrollo de una práctica arqueológica con conciencia política, que sea sensible y se halle en armonía con las metas de las poblaciones indígenas. Entre los temas clave están: ¿quién se beneficia de la investigación arqueológica?, ¿tienen derecho los arqueólogos a controlar el pasado de otros?, ¿es el enfoque científico occidental, en cuanto a teoría y métodos arqueológicos, necesariamente la 'mejor' manera de interpretar el pasado?, ¿cuáles son las implicaciones prácticas de la investigación arqueológica para las poblaciones indígenas con las que trabajan, para quienes los 'artefactos' constituyen un patrimonio vivo?, ¿cómo pueden transformar los investigadores su teoría y su práctica para dejar de causar daños a las poblaciones indígenas?

Normalmente los arqueólogos asumen por sí mismos las respuestas a este tipo de preguntas. A menudo damos por hecho que la arqueología es útil y que tenemos la responsabilidad, así como el derecho, de controlar y crear el pasado de los otros. Nos parece evidente que es algo necesario y que debe hacerse de forma científica y rigurosa, como es propio de la arqueología. Rara vez tenemos en cuenta enfoques distintos al occidental a la hora de proteger el patrimonio cultural, o cuestionamos los temas propuestos por nuestra investigación y cómo estos temas promueven o impiden la supervivencia cultural indígena.

Si bien se han creado diversas organizaciones, declaraciones y códigos internacionales (como el World Archaeological Congress), en ningún caso el éxito de las medidas de propiedad intelectual y cultural se hallan subordinadas a que las poblaciones afectadas estén al tanto de sus derechos y, por tanto, tengan la opción de dar su consentimiento (o denegarlo) para que se usen sus materiales. Esta situación se complica, con frecuencia, por el hecho de que para las poblaciones aborígenes la "propiedad" de muchos conocimientos no es inalienable e individual, sino que pertenece a todo un grupo (ej. familias, clanes o grupos lingüísticos).

La repatriación de restos humanos es una de las principales preocupaciones de las poblaciones indígenas a escala global. Si bien los diversos grupos indígenas tienen opiniones distintas sobre estas cuestiones (por ejemplo, en algunas partes de Australia los lugares que contienen este tipo de restos tienen que ser evitados, pero en muchas islas del Pacífico no ocurre lo mismo), existe una preocupación generalizada entre los propios grupos indígenas para que este tipo de restos sean tratados con respeto.

En los Estados Unidos se produjo un punto de inflexión en 1991 en el tema de la repatriación con la aprobación de la Ley de Repatriación y Protección de Tumbas de los Indios Americanos (NAGPRA) en 1991. Esta ley regula la repatriación de los restos humanos, de los ajuares funerarios y del patrimonio cultural de los indios americanos depositados en museos e instituciones de los Estados Unidos que reciben financiación federal (http://www.nps.gov/history/nagpra/). Sin embargo, el cumplimiento de esta ley no es una tarea sencilla, ya que la repatriación válida depende de si las tribus son reconocidas a nivel federal o no. A pesar de las buenas intenciones, NAGPRA ha aumentado las dificultades para que los museos repatríen los restos de las tribus no reconocidas a nivel federal, y así algunos museos escogen la ruta más conveniente, y más provechosa a nivel financiero, que es consultar a aquellos que puedan proporcionarles más fondos federales, en vez de a quienes tienen una conexión cultural más directa con los restos humanos en cuestión. De esta forma, NAGPRA vincula este aspecto de la supervivencia cultural al reconocimiento de una tribu a nivel federal -en sí mismo una decisión de la administración colonialista.

Las diferencias entre Australia y los Estados Unidos se ponen de manifiesto al comparar la controversia actual en torno al retorno de los restos del Hombre de Kennewick (conocido como el *Ancient One* o el Antiguo), de 9200 años de antigüedad, con el retorno de la Dama Mumgo a la comunidad aborigen de Willandra, datada inicialmente en el 24.710 ± 1.270 años B.P y recientemente vuelta a datar en unos 40.000 años, fecha que ha sido recibida con mucha más publicidad. Mientras que los restos del Antiguo son todavía objeto de una enconada disputa, los restos de la Dama Mungo yacen cerca del lugar donde fue enterrada originalmente, depositada en una caja fuerte de madera, forrada de terciopelo, y con dos llaves, una que custodia un arqueólogo y otra en posesión de la comunidad aborigen. Tanto el Antiguo como la Dama Mungo son símbolos poderosos de la relación existente entre muchos arqueólogos y las poblaciones indígenas de cada uno de los países implicados. Las diferencias en el control que pueden ejercer los indígenas australianos y los indios americanos se deben en parte al hecho de que los primeros tienen una mayor presencia en el imaginario nacional que los segundos. Si bien la colonización ha tenido consecuencias destructivas en ambos países, en los Estados Unidos existen otras llamadas a la conciencia nacional, especialmente por parte de los afro-americanos. Las diferencias de actitud también se deben a la influencia de los distintos códigos éticos que guían la práctica arqueológica en cada país.

Mi último punto de atención en términos de repatriación es que existe un retraso en las tendencias globales: en las naciones colonizadas, como Canadá, los Estados Unidos, Nueva Zelanda, Australia y Sudáfrica, la búsqueda para la repatriación de restos humanos en colecciones museísticas se ha llevado a cabo en las dos últimas décadas, mientras que en las naciones con economías menos favorecidas, como Chile, Argentina o la India, esta batalla todavía no ha empezado. Sin embargo, en todos estos casos, la cuestión de fondo es si las poblaciones indígenas tendrán el control de su propia cultura.

## Paisajes vivos

La incorporación de los sistemas de conocimiento indígenas en la práctica arqueológica produce una ampliación de las miras interpretativas, como muestra la noción de "paisajes vivos". Desde una perspectiva europea, la cultura es claramente un producto humano. Sin embargo, para las poblaciones indígenas la cultura puede ser la naturaleza o un resultado de la interacción con el medio. De hecho, el paisaje es por sí mismo un artefacto cultural, no sólo en términos de los cambios antrópicos del medioambiente (como los incendios regulares practicados por los aborígenes australianos) sino también porque los seres ancestrales y los espíritus de aquellos que han fallecido en un pasado reciente, habitan en el paisaje y continúan supervisando la gestión de su territorio en el presente.

Los paisajes habitados por los indígenas australianos están llenos de significado, impregnados de poderes, y a veces traicioneros. Los fenómenos naturales, como las acciones de los pájaros o las inundaciones, pueden actuar como señales enviadas por seres ancestrales o individuos que han fallecido. El paisaje deber ser atravesado con cautela, y existen numerosos lugares a los que tan sólo pueden acceder individuos con derechos o conocimientos particulares. Cuando algunas personas de la región de Barunga, en el Territorio del Norte de Australia, visitan lugares en los que no han estado desde hace mucho tiempo, llaman en voz alta y en lengua aborigen a los ancianos cuyos espíritus todavía deambulan por estos lugares, diciéndoles que no desean molestarles. Si quieren hacer algo especial, como retocar las pinturas rupestres, solicitan permiso a sus ancestros, asegurándose de no provocar su cólera siendo irrespetuosos. La anciana y propietaria tradicional, Phyllis Wijnjorroc, dice: "Esas personas están escuchando ahora. No están sordos".

Muchos de estos lugares repletos de significado no pueden ser identificados por métodos arqueológicos tradicionales. Los ancianos son los encargados de mantener dichos conocimientos, que transmiten a los niños como herencia ancestral para que entiendan el paisaje en el que crecieron (fig. 4). De esta forma, la herencia viva de la tierra está ligada a la herencia viva de las tradiciones orales, a los rituales y a los sistemas de conocimiento indígenas. Si bien algunos elementos de estas tradiciones se han visto sujetos a transformaciones como parte del colonialismo, otros están directamente ligados con los ancestros de las poblaciones indígenas contemporáneas. Para estas poblaciones el patrimonio cultural es una tradición viva y en constante evolución y su continuidad es vital para el mantenimiento de su identidad y para su supervivencia cultural. En tanto que tradición viva, el patrimonio cultural indígena está íntimamente ligado a historias orales y al proceso de recrear esas tradiciones:

Fig. 4.- Shaqkayla, Alana y Catina frente a un yacimiento *Women's Dreaming*, Barunga, Territorio del Norte, Australia, 2004.

> "Para una cultura viva basada en el espíritu de un lugar, la parte más importante para mantener la cultura y, por lo tanto, salvaguardar ese lugar es la continuación de la tradición oral que cuenta una determinada historia. El proceso de recreación, más que la reproducción, es esencial en la realidad de las poblaciones indígenas. Para ellos, la reproducción es irreal, mientras que la recreación es real. La fijación [europea] en la palabra escrita tiene implicaciones en el uso del patrimonio cultural" (Departamento de Asuntos Aborígenes, NSW, citado en Janke, 1999, 8).

La noción de patrimonio vivo se cimienta en las interrelaciones entre el lugar, los seres ancestrales, las poblaciones actuales y sus antecesores, y la forma en que la era del *Dreaming* nos informa en el presente. Esto culmina en una comprensión del mundo natural como dinámico, sensible, y vivo. La tierra no sólo fue creada por seres ancestrales, sino que éstos todavía habitan en lugares específicos e incluso a veces en varios lugares simultáneamente. Para muchas poblaciones aborígenes, tanto los seres ancestrales, como los antepasados pueden tener un impacto directo sobre los vivos en el día a día. Así, los lugares asociados con ellos continúan estando impregnados de su potencia, formando una parte importante de los paisajes vivos de los indígenas australianos.

Esta noción aborigen de un legado vivo es muy diferente a la noción que tienen los australianos de tradición europea de una herencia prístina e inmutable, y ello tiene implicaciones en las filosofías de gestión del patrimonio. La filosofía europea de gestión del patrimonio que busca la conservación del pasado y el mantenimiento de la autenticidad original se basa en una noción de tiempo lineal. Por otra parte, la noción de tiempo indígena, en la que el pasado continúa existiendo en el presente, asegura una filosofía de gestión del patrimonio cultural en la que el pasado se mantiene activo (o de algún modo vivo) mediante el uso apropiado y recurrente de la tierra y de los yacimientos en el presente.

**La política de la lengua.**

La supervivencia de las culturas indígenas está ligada a una comprensión de la forma en la que el lenguaje ha sido utilizado para asegurar las estereotipos coloniales y las relaciones de poder. Las personas se constituyen entre sí y a sí mismos por medio del lenguaje, estableciendo, normalizando o combatiendo las desigualdades en el proceso. Como dice Said (1978, 5), en términos del "orientalismo", las palabras son ideas que emergen de la historia y de la tradición del pensamiento, formadas por imágenes asociadas y en proceso de cambio, que dan forma a las realidades de estos conceptos y a la percepción del mundo de las personas que las utilizan. Las poblaciones indígenas entienden bien este punto, y la política del lenguaje ha sido el foco de muchas investigaciones realizadas por investigadores indígenas. Estos asuntos son inherentes a la dominación colonial en muchas regiones del mundo, como señala el investigador keniano, Ngugi wa Thiong'o:

> "Pero la parte más importante de la dominación fue el universo mental de los colonizados, el control, por medio de la cultura, de cómo se percibían las personas a sí mismas y su relación con el mundo. El control económico y político nunca puede ser completo ni efectivo sin el control mental. Controlar la cultura de una población es controlar sus instrumentos de auto-definición en relación con los otros. Para el colonialismo esto implicó dos aspectos del mismo proceso: la destrucción o la infravaloración deliberada de la cultura de las poblaciones, de su arte, de sus danzas, de sus religiones, de su historia, de su geografía, de su educación, de su oratoria y su literatura, y la elevación consciente del idioma del colonizador. La dominación del idioma de una población por el idioma de la nación colonizadora fue crucial para la dominación del universo mental del colonizado" (Ngugi wa Thiong'o 1986, 16).

Si bien el uso del idioma y de las imágenes ha sido criticado extensamente por teóricos de la cultura en relación con aquellos estereotipos que consideran a las poblaciones indígenas como "niños de la naturaleza", "primitivos" o como "el buen salvaje", sólo recientemente estamos considerando seriamente la forma en que el discurso de la antropología y la arqueología refuerza las asunciones y las injusticias del colonialismo.

Como han señalado numerosos investigadores, el discurso colonial sirvió a los propósitos del estado dominante (Smith, 1999; Wobst y Smith, 2005). Por ejemplo, la colonización inglesa de Australia utilizó el término "aborigen" para diluir las fronteras culturales y geográficas de más de 600 grupos indígenas diversos, cada uno de ellos con su propio sistema político, sus leyes y su idioma, en una sola categoría "aborigen". Esta noción de la homogeneidad indígena enmascara no sólo la diversidad de las culturas, sino también su autonomía política y los procesos de autogobierno que estaban vigentes en las sociedades indígenas antes de la llegada de los europeos. Por medio del idioma, la diversidad y la vitalidad fueron reemplazadas por una homogeneidad imaginaria y un éxtasis implícito, un factor en la pérdida de la identidad que se produjo como consecuencia de la invasión.

La construcción de la identidad por medio del idioma es evidente en el caso del *apartheid* en África meridional[1]. Como señala Ouzman (2005), aunque la doctrina política del *apartheid*[2] ya no existe oficialmente, sus efectos perduran en esta región. El *apartheid* forjó una jerarquía de significados a partir de palabras tales como "blanco", "no-europeo", "negro", "de color" y "bosquimano". En esta parte del mundo el término "nativo" se convirtió en un término denigrante, al igual que en diversas partes de Sudamérica el término "indígena" también se considera peyorativo. Con el *apartheid* la identidad se medía en base a un estándar central de blancura, de modo que los bosquimanos del África meridional encajan mal en esta clasificación racial, como una población primitiva situada en algún lugar entre la "naturaleza" y la "cultura".

Otro foco de preocupación es el idioma que excluye las experiencias y la percepción del mundo indígena. 'El racismo de la omisión' se produce cuando el idioma pasa por alto la acción indígena. El ejemplo clásico es la declaración 'Australia fue descubierta por el Capitán Cook en 1770', que ignora la ocupación de las poblaciones indígenas durante los 50.000 años previos. Del mismo modo, el término "colonización" implica el asentamiento relativamente pacífico de tierras despobladas, más que la "invasión" de tierras previamente ocupadas. Para combatir este mensaje los aborígenes australianos han renombrado el Día de Australia, el día en que llegaron los primeros colonizadores ingleses, como el Día de la Invasión o el Día de la Supervivencia, desplazando la atención de la celebración del asentamiento inglés a la conmemoración de la supervivencia de los indígenas australianos.

El lenguaje puede ser utilizado para fortalecer a las poblaciones indígenas, en vez de fortalecer el *status quo* (fig. 5). Y más importante todavía, puede ser utilizado para reconocer y legitimar la autoridad indígena, un componente esencial para la supervivencia de estas culturas.

### Tradición oral *versus* tradición escrita

Los valores culturales indígenas también se ven amenazados por el tipo de evidencias aceptadas por los investigadores, las administraciones y los tribunales de justicia. En los modos de pensamiento coloniales la historia escrita se considera como objetiva y fidedigna, mientras que la historia oral se considera emotiva, subjetiva y cambiante. La reciente controversia sobre la construcción de un puente en la Isla de Hindmarsh, en las tierras tradicionales de la población narrindjeri en Australia del Sur (ver Bell 1998), se centra en el debate en torno a si se debe privilegiar la historia escrita frente a la oral. Algunas mujeres ngarrindjeri se opusieron a la construcción del puente argumentando que perturbaría un importante yacimiento femenino, pero otras mujeres ngarrindjeri ignoraban esos conocimientos. La construcción del puente fue paralizada y se apeló a la Comisión Real, con antropólogos apoyando a ambas facciones

1.- Africa meridional como región geopolítica está comprendida por Angola, Botswana, Lesotho, Mozambique, Namibia, Sudáfrica, Suazilandia y Zimbaue.
2 Traducido por los Afrikaans como 'separatismo', el apartheid fue la política doméstica oficial de segregación racial del Partido Nacional de Sudáfrica entre 1948 y 1994.

enfrentadas. En 1995, la Comisión Real del Puente Hindmarsh determinó que la reclamación sobre la existencia de asuntos secretos de mujeres había sido inventada. Al interpretar el mundo desde la perspectiva occidental de un acceso al conocimiento relativamente abierto, esta decisión falló al no reconocer que los conocimientos indígenas se encuentran a menudo segmentados en base a cualidades como la edad o el género, creando toda una maraña cultural muy sutil e intangible (Bell, 1998). Embebida en la tradición occidental de las divisiones jerárquicas, la Comisión dio una mayor credibilidad a los registros históricos y etnográficos de investigadores europeos que a la historia oral indígena —la ordenación jerárquica de las tradiciones orales y literarias se ha naturalizado de tal manera que enmascara el etnocentrismo en el que está basada.

Fig. 5.- Una visión indígena del mundo, que invierte los estereotipos coloniales.

Irónicamente, se puede demostrar la profunda antigüedad de las historias orales en muchas comunidades aborígenes australianas, entre ellas la población ngrrindjeri, que tienen una historia del *Dreaming* sobre la subida del nivel del mar que provocó la separación de un pedazo de tierra del continente, creando una isla que actualmente se conoce como Kangaroo Island (la Isla de los Canguros). Los científicos han demostrado que este acontecimiento tuvo lugar hace unos 8.000 años. De modo que el núcleo de esta historia oral puede vincularse a un acontecimiento científicamente registrado hace 8.000 años. En otras partes de Australia, existen historias aborígenes que hablan sobre la existencia de megafauna —canguros, serpientes, emús y otras criaturas gigantescas— que se calcula que se extinguieron hace entre 30.000 y 50.000 años, dependiendo de la especie. La cuestión es que las historias orales pueden tener una antigüedad demostrable, incluso mayor que las historias escritas, y el hecho de privilegiar a estas últimas frente a las primeras surge de los sistemas de conocimiento coloniales.

### Compartir los beneficios

La supervivencia de las culturas indígenas también puede verse favorecida al compartir los beneficios que se derivan de la investigación. El sistema heredado de las estructuras coloniales es aquel en el que los académicos acumulan los beneficios a largo plazo de la investigación, mientras que las poblaciones indígenas no obtienen ningún beneficio, o tan sólo a corto plazo. Y eso a pesar de que la mayoría de la investigación arqueológica se adquiere a través del conocimiento indígena, y una gran parte de la misma no podría producirse sin su ayuda. Si bien los investigadores aportan sus conocimientos a los proyectos, a menudo no aportan los datos primarios. Tanto unos como otros tienen derechos sobre la propiedad intelectual que surge de tal investigación, ya que ambos son esenciales para la obtención de resultados. Una forma de conceptualizar esta idea es pensar en la investigación como una especie de sopa, en la que varias personas aportan diversos ingredientes esenciales. Aunque puede que haya un "chef" (el investigador, sea o no indígena), esa sopa no podría existir sin la suma de los ingredientes (tanto los conocimientos occidentales como indígenas), y todas las personas que proporcionan ingredientes tienen derechos sobre la sopa. Por tanto, parece lógico asumir que todas las partes implicadas en la investigación deben beneficiarse de sus resultados.

En el pasado, a menudo los investigadores no pagaban nada a la población indígena, en parte asumiendo el derecho científico al conocimiento, pero también debido a la creencia en que todas las personas tienen la responsabilidad de contribuir al "crecimiento" del conocimiento. En fechas más recientes, los investigadores suelen recompensar a la población indígena por su tiempo, aunque todavía existen muchos casos en los que se les entrevista sin compensación económica. Más aún, aunque a veces la población indígena comparte los beneficios de la investigación a corto plazo, rara vez los comparten a largo plazo a pesar de haber aportado ingredientes esenciales para la sopa académica. A ello han contribuido diversos factores: la demora temporal entre el trabajo de campo, la publicación y la difusión; el hecho de que los beneficios de la investigación se adquieren de forma indirecta; la distancia entre los lugares donde se lleva a cabo el trabajo de campo y las universidades; y el que el resultado final de la investigación presenta una forma diferente a lo que se hizo en el trabajo de campo.

Fig. 6.- El anciano Inuk Luke Suluk con Ngadjuri y el Grupo del Danzas de Descendientes de Narrunga. Burra, Australia del sur, diciembre, 2006 (Foto Daniel Puletama).

El punto crítico se halla en que los beneficios de la investigación surgen algún tiempo después de realizar el trabajo de campo, a veces muchos años después, y que los beneficios económicos de la investigación se acumulan de forma indirecta. El lapso de tiempo entre el trabajo de campo y la obtención de resultados contribuye a que los investigadores se olviden, o minimicen, la contribución indígena a la investigación. Sin embargo, estas comunidades tienen plena conciencia de que las carreras académicas se construyen basándose en sus conocimientos y, en ocasiones, señalan que los antropólogos y arqueólogos "minan" los conocimientos indígenas. Desde este punto de vista, los investigadores extraen conocimientos de la comunidad y los trasladan al mundo académico para convertirlos en una cosa diferente, sin volver a consultar o sin escuchar las sugerencias de la comunidad. A menudo, el producto final no vuelve a la comunidad, sino que tiene una vida independiente de ella. Por ejemplo, la investigación arqueológica llevada a cabo por Evans-Pritchard con los nuer, en los años 30 del siglo XX (Evans-Pritchard, 1969[1940]), era muy conocida y sumamente valorada entre los círculos académicos, sin embargo era completamente desconocida para los miembros de la comunidad veinte años después. En este sentido, los objetos de la investigación son permanentemente apropiados por las esferas académicas, mientras que los trabajos académicos no se integran en las esferas indígenas. Disfunciones como ésta son típicas del proceso colonial.

En relación a este tema existe una tendencia por parte de los arqueólogos a compartir los beneficios económicos de la investigación. Cada vez es más frecuente que los derechos de autor de libros que abordan temas indígenas sean desviados a fondos que se dedican a ayudar a investigadores indígenas. Por ejemplo, los derechos de autor de *Skull wars* (Thomas, 2000) se envían a la Sociedad para la Financiación de la Arqueología de los Indios Americanos. Del mismo modo, los derechos de autor de la serie *Arqueologías Indígenas* publicada por Left Coast Press se utilizan para financiar la asistencia de indígenas a las reuniones del *World Archaeological Congress*. Si bien las sumas implicadas pueden ser relativamente pequeñas, la intención que se esconde tras este tipo de gestos es la de compartir los beneficios económicos de la investigación arqueológica con las poblaciones cuya cultura posibilita la investigación. Dependiendo de la publicación, ello se hace en términos de comunidades individuales, de grupos con objetivos específicos o de comunidades indígenas en un sentido más amplio.

Fig. 7.- Grupo de estudiantes y un miembro de la comunidad local visitando un abrigo con pintura rupestre en la colina de Injalak, Tierra de Arnhem, Australia.

**Las voces indígenas**

Una forma importante de favorecer la supervivencia de las culturas indígenas es apoyando a sus voces. Existen poblaciones indígenas en 72 países del mundo y en todos ellos estos grupos se encuentran en posiciones desfavorecidas con respecto a la población dominante. Especialmente en los países económicamente desfavorecidos, se trata de gente cuya voz tiene menos probabilidades de ser escuchada en foros globables. El actual incremento de las voces indígenas en la literatura arqueológica y en las disciplinas relacionadas con ella refleja dos tendencias: en primer lugar, un aumento de las publicaciones en las que los arqueólogos figuran junto a los indígenas con los que trabajan; y, en segundo lugar, un aumento de investigadores y académicos indígenas. Las publicaciones generadas por estos investigadores juegan un papel importante al permitir que el conocimiento indígena guíe la práctica arqueológica contemporánea.

En relación con este tema se ha producido un aumento de la participación indígena en foros internacionales. En cierto sentido, es el resultado natural del aumento del número de investigadores indígenas en países económicamente desarrollados, tales como Canadá y los EEUU. Sin embargo, hay también una tendencia a que los investigadores compartan los beneficios facilitando el que los miembros de la comunidad pueden viajar para participar en las reuniones arqueológicas. A veces, este viaje se emprende a instancias de una comunidad indígena que trata de aumentar sus conocimientos sobre un tema en particular, y esto puede implicar no sólo viajes dentro su propio país, sino también al extranjero (fig. 6).

Los investigadores indígenas y los miembros de la comunidad que asisten a foros internacionales alcanzan una comprensión más profunda del proceso de investigación y son capaces de participar de forma más activa a la hora de modelar la arqueología como disciplina. Además, la asistencia a conferencias arqueológicas tiene valor para ellos, no sólo porque sus voces pueden ser escuchadas, sino también porque les proporciona la posibilidad de forjar alianzas, tanto a nivel nacional como internacional. Estas alianzas permiten a las poblaciones indígenas compartir estrategias que garanticen su éxito, evitando obstáculos y reforzando tanto al individuo como al grupo. Todo esto es importante para su supervivencia (fig. 7).

**Los desafíos y las oportunidades de la globalización**

La segunda Década Internacional de los Pueblos Indígenas del Mundo empezó en el 2005, en un contexto en el que las decisiones que afectan a los pueblos indígenas y a sus comunidades se toman cada vez más a nivel global, muy lejos de las realidades locales. A lo largo y ancho del mundo, procuran que sus voces sean escuchadas en la toma de decisiones que afecta a sus vidas tanto a nivel global como a nivel nacional, donde su movilización puede traducirse en poder político. Pero todavía quedan muchos desafíos pendientes en la lucha por el reconocimiento de sus derechos.

Las poblaciones indígenas de todo el mundo están encontrando causas comunes en la lucha para retener su identidad y su tierra. En algunos casos, descubren que tienen más en común entre ellos, a nivel global, que con la gente con la que comparten el país en el que viven. Las comunidades tradicionales luchan por el reconocimiento y por su tierra en muchas partes del mundo. Namibia, por ejemplo, reconoce tan sólo tres de las seis Autoridades Tradicionales San: las ju/hoansi, kung y hai//om, y todavía no han sido reconocidas !xoo y, ≠au//gesi de Omaheke, así como el khwe del Caprivi Occidental. En todo el mundo la identidad indígena está íntimamente ligada a la tierra. "Un mapuche sin tierra no puede ser un mapuche" dijo Christian Qechupán Huenuñir, un mapuche activista de Chile, en una sesión plenaria sobre la Lucha y la Resistencia Indígena en el Foro Internacional de la Solidaridad Iberoamericana y del Pacífico Asiático.

El desplazamiento de sus tierras tradicionales es un resultado devastador de la globalización en muchas partes del mundo, aunque luchan activamente contra esto. En Botswana, por ejemplo, los bosquimanos /gwii y //gana llevaron al Estado a los tribunales después de su desahucio de la Reserva de Caza del Kalahari Central. A principios de los noventa, el asentamiento masivo de gente de Java en la isla de Kalimantan, anteriormente conocida como Borneo, provocó que las poblaciones indígenas locales llevaran a cabo una exitosa guerra en la jungla. En el distrito oriental de Batticaloa, en

Sri Lanka, un reasentamiento masivo de más de 100.000 personas, planeado recientemente, fue desplazado a causa de las violentas batallas entre los rebeldes tamil y el ejército de Sri Lanka.

En algunos casos, el desplazamiento es causado por el deterioro del medioambiente local debido a la explotación económica de los recursos naturales. Las comunidades que vivieron, durante siglos, de la pesca y de los productos del bosque en el archipiélago Chiloe, al sur de Chile, han empezado a abandonarlo. Podían afrontar las condiciones difíciles, pero el medioambiente deteriorado ya no puede sustentarlos a todos. Otras comunidades de esta parte del mundo se encuentran amenazadas por las actividades mineras que han deteriorado la calidad del agua, y con ello la capacidad de las comunidades ganaderas para mantener al ganado: si bien la gente puede hervir el agua para el uso propio, los animales dependen de la calidad del agua de arroyos y ríos.

Fig. 8.- Evo Morales, Presidente de Bolivia desde enero de 2006.

Si bien la situación es mejor en países económicamente desarrollados, éstos también tienen problemas. En Canadá, por ejemplo, no parece haber una resolución rápida a la larga batalla por los derechos sobre la tierra entre los grupos indígenas y los intereses mineros y de las explotaciones forestales, a los que se les han otorgado concesiones para explotar los recursos en un vasto bosque boreal conocido como Gras Narrows. El Banco Mundial está implicado en algunas de estas controversias y ha sido acusado, en la República Democrática del Congo, de transgredir sus propias reglas al apoyar explotaciones forestales a expensas de las tierras y el sustento de los pigmeos.

En Sudamérica, los pueblos indígenas aclamaron la elección del presidente indígena de izquierdas Evo Morales (fig.8). Morales tiene un importante programa para la población indígena de su nación y, es más, para la región en su totalidad. Los representantes de las compañías de petróleo extranjeras activas en Bolivia cedieron recientemente el control sobre sus operaciones, y acordaron pagar una proporción mayor de derechos y tasas. También recientemente, líderes indígenas celebraron un Congreso Regional en Bolivia para discutir las estrategias con el fin de obligar a los gobiernos a hacer una política de estado conforme a la Declaración de los Derechos de las poblaciones indígenas aprobada por la Asamblea General de las Naciones Unidas el 13 de septiembre de 2007. Rigoberta Manchú, premio Nobel de la Paz, describió el Congreso como una manera de demostrar apoyo al trabajo del presidente Morales, que convocó una asamblea constituyente para reescribir la constitución reconociendo los valores culturales, las costumbres y el derecho a la tierra y a la autodeterminación de los pueblos indígenas.

Entre los resultados positivos cabe destacar el creciente reconocimiento del papel clave jugado por los pueblos indígenas que viven a lo largo de Asia y del Pacífico en la conservación del bosque, y la creciente utilización de los conocimientos indígenas para la comercialización de tecnologías biomédicas innovadoras que mejoran la salud humana. Alrededor del 62 % de todas las drogas contra el cáncer aprobadas por la Administración de Alimentación y Farmacia de los Estados Unidos han sido elaboradas a partir de productos cuyos ingredientes activos han sido identificados por pueblos indígenas. Las naciones latinoamericanas, especialmente las que viven en el Amazonas, tienen una flora muy rica y diversa, por lo que las posibilidades de aplicación comercial de los recursos de estas regiones son especialmente importantes. Mientras que, aproximadamente, sólo uno entre 10.000 productos vale la pena desarrollarlo a nivel comercial, los pocos que lo han sido pueden producir ingresos lucrativos. África meridional es otra de las regiones en las que la biotecnología está cosechando beneficios económicos para los pueblos indígenas. En el 2006 la aplicación de San Traditional Knowledge (IK), Intelectual Property Rights (IPR) y el Access and Benefit Sharing (ABS) ocasionó una oferta histórica por parte de los cultivadores sudafricanos de hoodia, de pagar el 6% de todas sus ventas de hoodia al Grupo de Trabajo de Minorías Indígenas de Africa Meridional (WIMSA). Este acuerdo tiene inmensos beneficios para los san, excluidos del inmenso y conocido mercado de hoodia, y conlleva beneficios no sólo para los cultivadores, sino también para los segadores de hoodia.

**Discusión**

Las sociedades indígenas que encontraron los colonizadores europeos tenían estructuras sociales complejas y refinadas. Sin embargo, estos colonizadores juzgaban la sofisticación en base a la presencia o ausencia de una cultura material elaborada, como los palacios y las pirámides, y puesto que las sociedades indígenas no habían construido monumentos de esta clase, los europeos dedujeron que estas poblaciones estaban "atrasadas" o eran "primitivas". De hecho, era todo lo contrario: mientras los europeos habían puesto la inteligencia y la energía humana en la construcción de sofisticados y elegantes edificios materiales, los pueblos indígenas las utilizaron para construir sofisticados y elegantes edificios sociales e intelectuales.

La supervivencia de estas culturas, ricas y diversas, depende de la continuidad de sus prácticas culturales, que depende, a su vez, de sí misma, del control indígena sobre su propia cultura. Si los valores culturales indígenas tienen que resistir al ataque violento de la globalización, estas comunidades necesitan mantener el control sobre sus vidas. El borrador de la Declaración en los Derechos de los Pueblos Indígenas de las Naciones Unidas (Parte Sexta, el Artículo 29) afirma lo siguiente:

> "Los pueblos indígenas tienen derecho al reconocimiento de la propiedad completa, el control y la protección de su propiedad cultural e intelectual.
> Tienen derecho a medidas especiales para controlar, desarrollar y proteger su ciencia, su tecnología y sus manifestaciones culturales, incluyendo tanto los recursos humanos como los genéticos, las semillas, las medicinas, el conocimiento de las propiedades de la fauna y la flora, las tradiciones orales, la literatura, los diseños y las artes visuales e interpretativas."

La continuidad cultural se ve amenazada cuando los pueblos indígenas pierden el control sobre su propiedad cultural e intelectual mientras que se ve apoyada cuando los pueblos no-indígenas trabajan dentro de una estructura que incorpora el control indígena y que está sujeta a reglas culturales indígenas. Dado que el acceso diferencial al poder está en el centro de las relaciones coloniales, el desarrollo de investigaciones que faciliten la supervivencia de las culturas indígenas conlleva un replanteamiento de las relaciones de poder entre las poblaciones indígenas y no-indígenas. Implica alejarse del supuesto colonial del derecho a adquirir conocimiento, así como el reconocimiento de los derechos de estas poblaciones a proteger su propiedad cultural e intelectual y a compartir los conocimientos en sus propios términos. Este proceso traslada las preocupaciones y los valores indígenas del "exterior" al "centro", y depende de un compromiso por reforzar sus sistemas de conocimiento. Las prácticas resumidas en este artículo no "refuerzan" a los pueblos indígenas, simplemente frenan su pérdida de poder y les proporcionan el espacio necesario para asegurar la supervivencia de sus diversas culturas.

**Agradecimientos**

En el trabajo de campo participan conmigo Gary Jackson y Jim Smith, a quienes agradezco la miríada de desafíos intelectuales, tanto en el campo como fuera de él. Este artículo nunca lo habría escrito sin la dulce insistencia de Inés Domingo Sanz.

**Bibliografía**

ATALAY, S. (Ed.) (2006): "Decolonizing Archaeology. Special issue". *American Indian Quarterly*, Vol. 30, Spring/Fall, Número 3.

BELL, D. (1998): *Ngarrindjeri Wurruwarrin: A World that is, was and will be*. Spinifex Press, North Melbourne.

EVANS-PRITCHARD, E. E. (1969 [1940]): *The Nuer. A Description of the Modes of Livelihood and Political Institutions of a Nilotic People*. Oxford University Press, Oxford.

JANKE, T. (1999): *Our Culture. Our Future. Proposals for the Recognition of Indigenous Cultural and Intellectual Property.* Australian Institute of Aboriginal Studies and the Aboriginal and Torres Strait Islander Commission, Canberra.

MILLION, T. (2005): "Developing an Aboriginal Archaeology: Receiving Gifts from the White Buffalo Calf Woman". En *Indigenous Archaeologies. Decolonizing Theory and Practice*, edited by C. Smith and H.M. Wobst, Routledge, London, 43-55.

NICHOLAS, G. P. y BANNISTER, K. (2004): "Copyrighting the Past?". *Current Anthropology*, 45, 327-350.

NGUGI WA THIONG'O (1998): *Penpoints, Gunpoints, and Dreams: Towards a Critical Theory of the Arts and the State in Africa*. Clarendon, Oxford.

OUZMAN, S. (2005): "Silencing and Sharing Southern African Indigenous and Embedded Knowledge". In *Indigenous Archaeologies. Decolonizing Theory and Practice*. Routledge, London.

SAID, E. (1978): *Orientalism*. Vintage Books, London.

SMITH, C. y WOBST, H. M. (eds) (2005): *Indigenous Archaeologies. Decolonizing Theory and Practice*. Routledge, London.

SMITH, L. T. (1999): *Decolonizing Methodologies. Research and Indigenous Peoples*. Second edition. London: Zed Books.

THOMAS, D. H. (2000): *Skull Wars*. Ed. Basic Books. New York.

VIZENOR, G. (1999): *Manifest Manners: Narratives on Postindian Survivance*. University of Nebraska Press, Lincoln, NE.

WORLD ARCHAEOLOGICAL CONGRESS (1991): *First Code of Ethics*. http://www.wac.uct.ac.za/archive/content/ethics.html

# LOS PUEBLOS PREINDUSTRIALES Y SU SENTIDO EN UNA ANTROPOLOGÍA AUTOCRÍTICA

Joan B. Llinares

La vida cotidiana de una persona que resida en una ciudad occidental de nuestros días quizá tenga muy poco contacto con aquello que propiamente se denomina el *campo*. Será lo más probable porque eso es lo que nos sucede a la mayoría de los humanos del mundo industrializado. De hecho, ya estamos habituados a contraponer el campo y la ciudad como si fueran dos opciones antitéticas, dos modos de vida muy diferentes entre sí. En efecto, lo único aproximadamente campestre que le brindan las motorizadas calles a quien ha de vivir y trabajar en ellas lo constituye esa gratificante interrupción que vienen a ser los parques y jardines, las limitadas zonas verdes, que, en el mejor de los casos, conservan a duras penas un minúsculo bosque, unos cuantos árboles en torno a lo que queda de alguna antigua ermita o alquería. Dicho ciudadano puede que sólo conozca de la *agricultura* lo que ésta proporciona para la alimentación gracias a los productos ya empaquetados que adquiere en los supermercados. Por ello lo que es propiamente el campo, esto es, vivir del campo y en el campo como hace un labrador dedicado a las complejas labores de cultivarlo, acaso se reduzca para muchos 'urbanitas' a un mero escenario, al panorama fugaz que se percibe tras las ventanillas de un coche o del tren, o al cuadro de abstracta geometría que a veces se alcanza a contemplar desde un avión. Esas formas de vida, atentas al paso de las estaciones y repletas de múltiples aperos para la siembra, la labranza y la siega, necesitadas de talas, barbechos, roturaciones y regadíos antes de obtener la cosecha, son cada vez más desconocidas. Por lo demás, las labores agrícolas de las sociedades pre-industriales que viven junto a selvas y sabanas o en zonas quasidesérticas eran y siguen siendo de índole muy diversa de las que podemos observar en las comarcas vinícolas o naranjeras de nuestro país.

Seguramente la ignorancia será similar o todavía mayor con respecto a la *ganadería*, a la vida de los diferentes tipos de pastores, nómadas trashumantes o más sedentarios y especializados, que conviven con sus vecinos. Los animales vivos con los que se ha podido encontrar un ciudadano del mundo industrial probablemente sólo sean unos cuantos ejemplares de especies domésticas, pero es difícil que se sepa por experiencia propia lo que es un rebaño de cabras y ovejas, unas cuantas vacas en un establo, un gallinero en el corral o un simple palomar, por no hablar de las colmenas de abejas o de los bancos de sardinas en el mar. Con suerte se habrán observado éstas y otras especies de animales más o menos sumisas o exóticas en alguna visita a granjas educativas, a un zoológico, o bien en espectáculos circenses. El resto depende de la omnipresente cultura de la imagen que puebla nuestras mentes, de todo ese caudal que nos atraviesa y que hemos obtenido de fotos, películas o documentales que intentan satisfacer nuestras ansias de información, de sorpresa y de curiosidad, y que puede quedar aparcado, por desgracia, en uno de tantos islotes de nuestro universo virtual, desprovisto de carne, de sangre y de vitalidad.

Fig. 1.- Retrato de J.J. Rousseau. En "Émile, ou de L'Éducation", Paris, 1857.

Y más vale que no indaguemos sobre la *caza* y la *recolección* como formas de subsistencia de los humanos, estrategias fundamentales que posibilitaron la vida de nuestra especie durante muchos milenios, junto a peligrosos animales carniceros y carroñeros: casi no se alcanza a imaginar otra cosa bajo estas palabras que una batida en un coto, con rifles y escopetas, persiguiendo los escondrijos de las liebres, de la perdiz o la codorniz, o el grato recuerdo de alguna mañana otoñal buscando setas en un bosque, o recogiendo espárragos o fresas silvestres en paseos por senderos de montaña.

Así suele ser, más o menos, el agudo contraste entre aquella primordial forma de subsistir y el mundo de experiencias que configura el día a día de nuestra existencia en las ciudades, los núcleos demográficos constitutivos del mundo industrializado. Tamaña ignorancia de cómo subsistimos todos los humanos hasta hace unos diez mil años y de cómo viven todavía determinadas tribus en algunos lugares de la tierra es una faceta característica que nos define a millones de personas en la actualidad. No obstante, este predominio de la vida ciudadana, reforzado por el enorme número de quienes la compartimos y la orgullosa sensación de normalidad y de progreso que solemos manifestar, impide que caigamos en la cuenta de la excepcionalidad que significa y de los riesgos que conlleva en la ya larga persistencia de nuestra especie: bastaría para tomar conciencia de ello que retrocediéramos en el tiempo, o que nos desplazáramos a otras zonas del planeta, e hiciéramos una simple comparación. Este doble movimiento en el espacio y en la historia, atendiendo a quienes muestran su humanidad de forma tan diferente, es muy necesario y aleccionador si queremos saber qué somos, de dónde venimos, y hacia dónde deberíamos ir. Y lo es por una razón muy sencilla.

Los seres humanos tenemos una naturaleza propia, claro está, de ahí la importancia del desciframiento del genoma humano, la validez de la medicina y la farmacia en sus conocimientos de aplicación universal, o las hermosas variedades físicas del mestizaje. Pero esa misma naturaleza que conforma nuestro substrato psicosomático compartido es radicalmente *cultural*: el contexto familiar en el que hemos sido engendrados y aquél en el que nos reproducimos puede variar muchísimo en extensión, ubicación, líneas de ascendencia, normas y componentes reconocidos, etcétera; nos vestimos, nos desnudamos, nos cortamos y peinamos el cabello y nos adornamos el cuerpo y la cara de mil maneras diferentes, como captaremos en seguida con la mera observación de fotografías de varias etnias; subsistimos con artes diversas que nos proporcionan la energía que necesitamos de medios y contextos con flora y fauna notablemente disímiles; hablamos lenguas que nos asombran por su mutua extrañeza, fabricamos utensilios distintos usando distintos materiales y los decoramos siguiendo tradiciones autónomas, cantamos y bailamos con melodías y ritmos muy diversos, interpretamos nuestros sueños y pensamos sobre la vida de ultratumba de maneras increíblemente sorprendentes, etcétera, etcétera. En este sentido, los humanos somos gestores de nosotros mismos, capaces de adaptarnos creativamente a entornos geográficos sumamente dispares, que van del calor de los trópicos al frío del Ártico, del desierto a las selvas, de la sabana a las montañas, mediante utensilios técnicos que han ido cambiando de materia, de forma y de estructura, de diseño, objetivos y aplicabilidades, en una gama inmensa que va desde el hacha de sílex hasta los robots de última generación. Como seres temporales e históricos, guardamos memoria selectiva de lo que hemos sido, olvidamos también fragmentos de lo que fuimos, y tenemos un futuro problemático que en parte moldeamos con nuestras opciones y decisiones. Nos preguntamos por nosotros mismos, narramos nuestro pasado y nos interpretamos a nosotros mismos en una indagación sin más pausa que la muerte. Así las cosas, conocer otras formas de vida, sobre todo si nos sorprenden y asombran, esto es, si nos llenan de interrogantes, es como una necesidad ineludible, es el fundamento de esa difícil sabiduría que nos permite captar nuestro rostro y entender qué es lo que nos define y caracteriza, pues para vernos y percibirnos necesitamos siempre un espejo: contemplarnos con un poco de rigor requiere la reflexión en el rostro de los otros, el chispazo desconcertante de las diferencias que, quizá, encenderá el fuego que ilumine nuestro propio pensar y aportará calor a nuestra solidaridad. Sin este trabajo de reconocimiento no somos sujetos responsables en el contexto multicultural en el que ya estamos.

Por eso el ejercicio de la *comparación intercultural* es una fuente de enseñanzas sobre nosotros mismos gracias a la viva presencia de los otros. He aquí, pues, por qué conviene que practiquemos un atento desplazamiento en el espacio y en el tiempo como el que nos brinda una exposición como la presente. Sin informaciones detalladas de la diversidad humana somos ingenuos y arrogantes desconocedores no sólo de los otros, sino también de nosotros mismos y del abundante material que hemos ido fabricando para subsistir y convivir, sin esas aportaciones perdemos el sentido de nuestra historia y de nuestro particular presente, que, en esta época de globalización por el transporte y las comunicaciones, es aún más plural e interactivo. Como ya dijo muy bien Rousseau (fig. 1):

"...la reflexión nace de las ideas comparadas y es la pluralidad de las ideas lo que lleva a compararlas. El que sólo ve un objeto no puede comparar nada. El que ve un pequeño número de objetos, y siempre los mismos desde su infancia, tampoco los compara porque la costumbre de verlos lo priva de la atención necesaria para examinarlos. Pero a medida que un objeto nuevo nos sorprende, queremos conocerlo e intentamos relacionarlo con aquellos que nos son conocidos. Es así como aprendemos a considerar lo que está bajo nuestros ojos; lo que nos es extraño nos incita al examen de lo que está próximo".

Por tanto, y para comenzar, podemos describir y comparar aquellas formas de subsistencia que ya desde la Antigüedad greco-romana nuestra sociedad sabe que los humanos hemos inventado en nuestra creativa adaptación al entorno. La fina atención a tales contextos es una de las enseñanzas de la mejor literatura. Desde la excelencia poética de nuestra épica fundacional y gracias a la frescura de insuperadas imágenes verbales, la literatura puede colaborar con la mejor mirada etnoarqueológica, la que trabaja para profundizar sobre los retos técnicos, éticos y políticos de nuestro presente con sus rigurosas y veraces aportaciones plásticas y objetuales.

Hace ya mucho tiempo, casi tres mil años, en la Grecia arcaica, quienes ya poseían un modo de vida de notables logros culturales se asombraban de encontrar una isla despoblada y salvaje, en la que podían dedicarse a la *caza* y donde su imaginación en seguida se disparaba, pensando cómo aprovechar los recursos naturales para tener así una vida placentera, si acaso llegaran a ser algún día los futuros habitantes de esa zona inexplorada. Éste es el modo como Homero nos cuenta la llegada de Odiseo y sus compañeros a una isla cercana a la tierra de los cíclopes, a una especie de naturaleza virgen, el grado cero de la civilización, todavía desprovisto de cualquier forma de ganadería, de agricultura, de navegación o de comercio, pues los humanos todavía no han llegado a habitarla. Es el propio héroe quien lo narra con sus palabras autobiográficas ante quienes le han dado hospitalidad:

"...al lado del puerto, se extiende una isla llana, llena de bosques. En ella se crían innumerables cabras salvajes, pues no pasan por allí hombres que se lo impidan ni las persiguen los cazadores, los que sufren dificultades en el bosque persiguiendo las crestas de los montes. La isla tampoco está ocupada por ganados ni sembrados, sino que, no sembrada ni arada, carece de cultivadores todo el año y alimenta a las baladoras cabras. No disponen quienes habitan en las cercanías de naves de rojas proas, ni hay allí armadores que pudieran trabajar en construir bien entabladas naves; éstas tendrían como término cada una de las ciudades de mortales a las que suelen llegar los hombres atravesando con sus naves el mar, unos en busca de otros, y se habrían hecho una isla bien fundada. Pues no es mala y daría una cosecha en cada estación; tiene prados junto a las riberas del canoso mar, húmedos, blandos. Las viñas sobre todo producirían constantemente, y las tierras de pan llevar son llanas. Recogerían siempre las profundas mieses en su tiempo oportuno, ya que el subsuelo es fértil. También hay en ella un puerto fácil para atracar, donde no hay necesidad de cable ni de arrojar las anclas ni de atar las amarras. Se puede permanecer allí, una vez arribados, hasta el día en que el ánimo de los marineros les impulse y soplen los vientos. En la parte alta del puerto corre un agua resplandeciente, una fuente que surge de la profundidad de una cueva, y en torno crecen los álamos. Hacia allí navegamos, llegamos a tierra, arrastramos las naves de buenos bancos, recogimos todas las velas y descendimos sobre la orilla del mar, y esperamos la aurora durmiendo sobre la arena. Cuando llegó la mañana, deambulamos llenos de admiración por la isla. Las cabras montaraces se agitaron, así que en seguida sacamos de las naves los curvados arcos y las flechas de largas puntas, y ordenados en tres grupos comenzamos a disparar, pronto tuvimos abundante caza. Así estuvimos todo el día hasta el sumergirse del sol, comiendo innumerables trozos de carne..."

Fig. 2.- Crátera ática con escena de cacería de jabalíes. "Caza de Calidón". Museo Arqueológico de Florencia.

Los miembros de esa sociedad guerrera ejercitan su valor y se preparan para los combates practicando sistemáticamente la caza, como será habitual entre señores y aristócratas: tan pronto como se mostró la aurora,

"...salieron de cacería los perros y los mismos hijos de Autólico, y entre ellos iba el divino Odiseo, [el nieto de aquél y el sobrino de éstos]. Ascendieron al elevado monte Parnaso, vestido de selva, y en seguida llegaron a los ventosos valles. El sol caía sobre los campos cultivados recién salido de las plácidas y profundas corrientes del océano, cuando llegaron los cazadores a un valle. Delante de ellos iban los perros buscando las huellas y detrás los hijos de Autólico, y entre ellos marchaba Odiseo blandiendo, cerca de los perros, su lanza de larga sombra. Un enorme jabalí estaba tumbado en una densa espesura a la que no atravesaba el húmedo soplo de los vientos al agitarse ni golpeaba con sus rayos el resplandeciente sol ni penetraba la lluvia por completo -¡tan densa era!-, y una gran alfombra de hojas la cubría. Llegó al jabalí el ruido de los pies de hombres y perros cuando marchaba cazando y desde la espesura, erizada la crin y brillando fuego sus ojos, se detuvo frente a ellos. Odiseo fue el primero en acometerlo, levantando la lanza de larga sombra con su robusta mano deseando herirlo. El jabalí le atacó sobre la rodilla y, lanzándose oblicuamente, desgarró con el colmillo mucha carne, pero no llegó al hueso del mortal. En cambio Odiseo le hirió alcanzándole en la paletilla derecha y la punta de la resplandeciente lanza lo atravesó de parte a parte y cayó en el polvo dando chillidos, y escapó volando su espíritu. En seguida le rodearon los hijos de Autólico, vendaron sabiamente la herida del irreprochable Odiseo semejante a un dios y con un conjuro retuvieron la negra sangre"(fig. 2).

El poema también describe con admirable precisión la forma de vida de un individuo, miembro de una sociedad ganadera. De nuevo, es el héroe Odiseo quien relata su experiencia, con valiosos detalles sobre los objetos, las prácticas corporales y los tipos de animales que entonces se encontró, en el largo camino de retorno a su añorada tierra materna: "Desde esa isla salvaje, echamos un vistazo a la tierra de los cíclopes que estaban cerca y vimos el humo de sus fogatas y escuchamos el vagido de sus ovejas y cabras...", dice el héroe griego, para explicar la curiosidad que siente por saber quiénes son esos hombres desconocidos, si son soberbios, salvajes y carentes de justicia o amigos de los forasteros y con sentimientos de piedad para con los dioses. Para despejar la incógnita y hallar la respuesta, embarca con sus compañeros, que reman en dirección a esa tierra extranjera:

> "Y cuando llegamos a un lugar cercano, vimos una cueva cerca del mar, elevada, techada de laurel. Allí pasaba la noche abundante ganado –ovejas y cabras–, y alrededor había una alta cerca construida con piedras hundidas en tierra y con enormes pinos y encinas de elevada copa. Allí habitaba un hombre monstruoso que apacentaba sus rebaños, solo, apartado, y no frecuentaba a los demás, sino que vivía alejado y tenía pensamientos impíos. Era un monstruo digno de admiración: no se parecía a un hombre, a uno que come trigo, sino a una cima cubierta de bosque de las elevadas montañas que aparece sola, destacada de las otras".

Una vez llegados a tierra, esconden sus naves y con un grupo de compañeros Odiseo se pone en camino:

> "Llegamos en seguida a su cueva y no lo encontramos dentro, sino que guardaba sus gordos rebaños en el pasto. Conque entramos en la cueva y echamos un vistazo a cada cosa: los canastos se inclinaban bajo el peso de los quesos, y los establos estaban llenos de corderos y cabritillas. Todos estaban cerrados por separado: a un lado los padres, a otro los medianos y a otro los recentales. Y todos los recipientes rebosaban de suero –colodras y jarros bien construidos, con los que ordeñaba." Se sentaron y aguardaron dentro de la cueva "...hasta que llegó conduciendo el rebaño. Traía el cíclope una pesada carga de leña seca para aderezar su comida y la tiró dentro con gran ruido... a continuación introdujo sus gordos rebaños, todos cuantos solía ordeñar, y a los machos –a los carneros y cabrones– los dejó  la puerta, fuera del profundo establo. Después levantó una gran roca y la puso sobre la puerta... Sentóse luego a ordeñar a las ovejas y a las bala-

doras cabras, cada una en su momento, y debajo de cada una colocó un recental. En seguida puso a cuajar la mitad de la blanca leche en cestas bien entretejidas y la otra mitad la colocó en cubos, para beber cuando comiera y le sirviera de adición al banquete" (fig. 3).

La Grecia arcaica conoce y practica otras formas de ganadería; por ejemplo, cuando Odiseo regresa finalmente a su tierra, a Ítaca, la diosa Atenea le aconseja que visite en primer lugar a Eumeo, su fiel porquero, al que encontrará junto a los cerdos:

"...éstos están paciendo junto a la Roca del Cuervo, cerca de la fuente Aretusa, comiendo innumerables bellotas y bebiendo agua negra, cosas que crían en los cerdos abundante grasa.

"Entonces él se puso en camino desde el puerto a través de un sendero escarpado en lugar boscoso, por las cumbres, hacia donde Atenea le había manifestado que encontraría al divino porquero, el que cuidaba de su hacienda más que los demás siervos... y lo encontró sentado en el pórtico, donde tenía edificada una elevada cuadra, hermosa y grande, aislada, en lugar abierto. El porquero mismo la había edificado para los cerdos de su soberano ausente... Había arrastrado las piedras y lo había cercado de espino; tendió fuera una empalizada completa, espesa y cerrada, sacando estacas de lo negro de la encina. Dentro de la cuadra había construido doce pocilgas, unas junto a otras, para encamar a las cerdas, y en cada una se encerraban cincuenta cerdas, todas hembras que ya habían parido. Los cerdos dormían fuera y eran muy inferiores en número, pues los habían diezmado los pretendientes con sus banquetes... También dormían a su lado cuatro perros, semejantes a fieras, que alimentaba el porquero, caudillo de hombres. Este andaba entonces sujetando a sus pies unas sandalias después de cortar una moteada piel de buey. Los demás porqueros, tres en total, habían marchado cada uno por su lado con los cerdos en manada".

Fig. 3.- Crátera ática de columnas. Odíseo huyendo de la cueva de Polifemo."Pintor de Safo". Badisches Landesmuseum, Carlsruhe.

Eumeo recibe al forastero, lo lleva a su cabaña, extiende maleza espesa sobre la que pone una piel de cabra salvaje, y le ofrece ese lecho, su propia yacija, para que descanse, luego va a las pocilgas, toma dos cochinillos, los sacrifica y trocea, y los pone al fuego con asadores, extiende harina y los ofrece directamente a las manos de su huésped con un cuenco en el que ha mezclado vino para que beba...

Como es evidente, en esa sociedad hay ganadería de diversos tipos, se han domesticado ya los bueyes y los caballos, que facilitan las labores de labranza y tiran de los carros en las carreras, pero dispone también sobre todo de la *agricultura*, por eso sus miembros se alimentan no sólo de carne, sino sobre todo de pan de harina de trigo y de vino extraído de los racimos de las vides, de olivas y aceite, y de diversas frutas. Ciertamente, sobre la agricultura la *Odisea* brinda varios ejemplos, como el de Laertes, el padre del héroe, que tiene en Ítaca un hermoso y bien cultivado campo, con una mansión rodeada de un cobertizo, en el que comen, descansan y duermen los esclavos que le ayudan en las labores, por ejemplo, a cercar de espinos la viña. El anciano "vestía un manto descolorido, zurcido, vergonzoso y alrededor de sus piernas tenía atadas unas mal cosidas grebas para evitar los arañazos; en sus manos tenía unos guantes por causa de las zarzas y sobre su cabeza una gorra de piel de cabra". Su hijo le saluda con estas palabras: "Anciano, no eres inexperto en cultivar el huerto, que tiene un buen cultivo y nada en tu jardín está descuidado ni la planta ni la higuera ni la vid ni el olivo ni el peral ni la legumbre."

Fig. 4.- Habitantes de las islas Viti en "Les Origines de la Civilisation" de J. Lubbock, 1881.

También es memorable la descripción del mítico huerto que tiene el señor de los feacios, el magnánimo Alcínoo, junto a su famosa morada, un elevado palacio señorial:

"...fuera del patio, cerca de las puertas, hay un gran huerto de cuatro yugadas y alrededor se extiende un cerco a ambos lados. Allí han nacido y florecen frondosos árboles: perales y granados, manzanos de espléndidos frutos, dulces higueras y verdes olivos; de ellos no se pierde el fruto ni falta nunca en invierno ni en verano: son perennes... Allí tiene plantada una viña muy fructífera, en la que unas uvas se secan al sol en lugar abrigado, otras se vendimian y otras se pisan: delante están la vides que dejan salir la flor y otras hay también que apenas negrean. Allí también, en el fondo del huerto, crecen liños de verduras de todas clases siempre lozanas. También hay allí dos fuentes, la una que corre por todo el huerto, la otra que va de una parte a otra bajo el umbral del patio hasta la elevada morada a donde van por agua los ciudadanos."

No deja de resonar en esta mítica descripción el eco de uno de los sueños más frecuentes de los pueblos de agricultores: que las cosechas persistieran a lo largo del año, sin la drástica alternancia de hambrunas y abundancias opíparas, de la escasez y el exceso. De ahí la necesidad de previsión, la importancia vital de disponer de métodos e instrumentos para la conservación de los alimentos, la conveniencia de intercambiar con otros grupos aquello de lo que se carece y que ellos pueden proporcionar, la génesis de interesantes simbiosis entre agricultores sedentarios y pastores que regularmente los visitan...

Estas tres formas fundamentales de subsistencia, la caza-recolección, el pastoreo y la agricultura, ya en la Antigüedad fueron consideradas como los estadios por los que pasa la humanidad en su desarrollo, es decir, como los primeros peldaños en la escalera de la civilización, a lo largo de un proceso temporal lento y complejo (fig. 4). Los fragmentos de Dicearco, los versos de Lucrecio o la prosa sobre las propiedades rústicas de Marco Terencio Varrón lo testimonian. En el siglo XVIII se volvió a utilizar esta manera de interpretar la primitiva historia de la humanidad de una manera cada vez más rigurosa y sistemática, como documentan los escritos de Adam Smith o estos textos de Rousseau:

> "Los primeros hombres fueron cazadores o pastores y no labradores. Los primeros bienes fueron rebaños y no campos. Antes de que la propiedad de la tierra fuese repartida, nadie pensaba en cultivarla. La agricultura es un arte que exige instrumentos, sembrar para cosechar es una precaución que exige previsión".

Desde un primitivo estado de embrutecimiento, cercano a la animalidad, los humanos tuvieron que agenciárselas para vivir:

> "Los más activos, los más robustos, los que iban siempre adelante, sólo podían vivir de frutos y de la caza. Se hicieron así cazadores violentos, sanguinarios. Luego, con el tiempo, fueron guerreros, conquistadores, usurpadores... La guerra y las conquistas no son otra cosa que cacerías de los hombres... La mayoría, menos activa y más pacífica, se asentó apenas pudo hacerlo, reunió ganado, lo domesticó, lo volvió dócil a la voz humana. Para alimentarse aprendió a cuidarlo, a facilitar su reproducción, y de este modo comenzó la vid pastoril.
>
> "La industria humana crece simultáneamente con las necesidades que la originan. De las tres maneras de vivir posibles para el hombre, es decir, la caza, el cuidado del ganado y la agricultura, la primera ejercita el cuerpo para la fuerza, para la destreza, la competición; el alma para el coraje, para la astucia; endurece al hombre y lo vuelve feroz. El país de los cazadores no es durante mucho tiempo el de la caza. Es preciso perseguir muy lejos a la presa; así surge la equitación. Es preciso alcanzar a la presa que huye; de allí las armas ligeras, la honda, la flecha, la jabalina. El arte pastoril, padre del reposo y las pasiones ociosas, es el que más se basta a sí mismo. Proporciona al hombre, sin mayores esfuerzos, la subsistencia y el abrigo así como también su morada. Las tiendas de los primeros pastores estaban hechas con piel de animales... La agricultura, más lenta en nacer, está relacionada con todas las artes; introduce la propiedad, el gobierno, las leyes, y progresivamente la miseria y los crímenes, inseparables para nuestra especie de la ciencia del bien y del mal... Los tres estados del hombre considerado en relación con la sociedad están referidos a la división precedente. El salvaje es cazador, el bárbaro es pastor, el hombre civilizado es labrador."

Así dice Rousseau, reconstruyendo con su imaginación el despliegue de esas formas de vida. Pero, a diferencia de Homero, en su rememoración del pasado ya no intervienen héroes, gigantes y dioses, sino que son humanos como nosotros mismos quienes cazaban, pastoreaban o, dadas una serie de circunstancias diversas, se pusieron a vallar el campo y a cultivar la tierra.

Este esquema básico y general, descriptivo y clasificatorio, permitía una primera comparación entre los pueblos. Al aplicarlo a todas las sociedades conocidas de la tierra, incluso aquellas consideradas más salvajes, como las de los indios de América, dejaban de ser 'como animales que hablan' y pasaban a formar parte de la historia de la humanidad, ellos eran en el presente un testimonio vivo de cómo habíamos sido los europeos en épocas remotas, en los orígenes de la historia, en edades con técnicas e instrumentos de piedra y madera, como los arcos y las flechas, practicando una forma de vida nómada y cazadora, etcétera. La especie entera, por tanto, seguía una misma senda de progreso y de desarrollo, atravesando dichas etapas fundamentales, el salvajismo, la barbarie y la civilización, como también expuso con detalladas argumentaciones el ilustrado escocés Adam Ferguson en el siglo XVIII. Este enfoque comparativo se consagró con el triunfo del *evolucionismo* clásico entre los antropólogos fundacionales del siglo XIX, los primeros que instituyeron la docencia de esta disciplina en las universidades británicas, francesas y americanas. Para reconstruir el pasado carente de documentación escrita y de limitados registros fósiles de nuestra existencia primitiva, la de nuestros antepasados en los albores de la historia, se usaron comparaciones sistemáticas con pueblos coetáneos que tuvieran similares recursos técnicos y formas de subsistencia semejantes, por eso a éstos se les denominó 'primitivos', 'salvajes', y también 'pueblos naturales', como si ellos, los 'otros' por antonomasia, nuestros antípodas en tantos sentidos, habitantes de zonas distantes y remotas, acabaran de salir del regazo de la madre naturaleza y carecieran de pasado, y como si sólo merecieran la atribución de cultura propiamente tal los pueblos con escritura y con civilización, como los nuestros. En efecto, el presente de los occidentales, con industria y comercio, ciencias y técnicas, estaba considerado como el momento más evolucionado y más perfecto de la humanidad, era la meta a la que tendían todas las sociedades de la tierra, en una especie de positivista ley de estadios de obligado cumplimiento. Las otras formas de vida eran pensadas desde las nuestras y se las entendía como más simples y sencillas, como predecesoras o antecesoras de las nuestras, perdían así su autonomía y su valor propios y quedaban como anexionadas a nuestra historia. La manera occidental de desarrollo era considerada el patrón, el modelo, el camino ejemplar que servía para medir toda alteridad. Cualquier diferencia constatada en los otros pueblos era calificada entonces como inferioridad, atraso, desviación, infantilismo, incapacidad, e incluso como degradación y hasta como un absurdo incomprensible, como una aberración que convenía subsanar cuanto antes. Los aciertos y la extraordinaria belleza de las otras opciones culturales apenas se percibía bajo esta mirada, se insistía en cambio, en interesados contrastes etnocéntricos, en las diferencias existentes, y a éstas se las interpretaba con carga negativa como deficiencias, carencias y estupideces, propias de una base racial cualitativamente peor dotada, que obstaculiza e impide el óptimo desarrollo de la genuina civilización. No es necesario subrayar que este enfoque sobre los otros grupos humanos, cargado del denominado darwinismo social, cumplía funciones de legitimidad en un momento de fuerte expansión colonial y consolidación de los imperialismos europeos sobre los otros continentes, sobre Asia, África y Oceanía en especial. Una era la cultura vencedora y poderosa, la del Occidente cristiano, la única merecedora de tal nombre, la cual, para justificar su agresiva presencia en todas las partes del mundo, decía que quería ayudar al desarrollo, y, junto a ella, pero en posición sometida e inferior, estaban las otras culturas, las cuales, tras ese violento choque cultural que las dominaba, eran las perdedoras, las vencidas y desprestigiadas. Los modos de saber que se practicaron no eran ajenos a los ejercicios de poder de tal contexto imperialista.

Este enfoque de la arqueología prehistórica decimonónica, el evolucionismo clásico que se puede detectar con claridad en obras fundacionales como *Tiempos prehistóricos* (1865) y *Los orígenes de la civilización y la condición primitiva del hombre* (1870) de John Lubbock (fig. 5) ha ido cambiando desde entonces, gracias a sucesivas estrategias de investigación, muy diferentes, como el difusionismo, el particularismo histórico, el funcionalismo, el estructuralismo y la denominada antropología simbólica y hermenéutica, como también ha variado el contexto de aplicación, esto es, la situación real en las relaciones de poder desde el reconocimiento de la independencia de muchos países que han luchado por sus libertades, y los nuevos problemas de un mundo postcolonial, globalizado y multicultural. Estudiar la vida de grupos humanos minoritarios y frágiles compromete a quienes los conocen. La ciencia que se elabore sobre sus formas de vida ha de tener una vertiente crítica con respecto a la situación internacional presente, que es la responsable en gran medida de las dificultades que tienen y del poco espacio del que disponen para desarrollar sus propias posibilidades. De lo contrario, esa ciencia deja de ser verdaderamente humana y se reduce a mera técnica aplicada, convirtiéndose así en otro instrumento de control al servicio de los intereses de los más poderosos y perdiendo su capacidad emancipatoria. Los otros pueblos, ciertamente, no sólo son imágenes vivas de nuestro pasado, son sobre todo nuestros contemporáneos, plenamente dignos de atención y de estudio por sí mismos en el presente, en cuanto ejemplos de la humanidad, de nuestra plural humanidad repleta afortunadamente de diferencias aquí y ahora. Convivir con ellos nos obliga a conocer su cultura, a participar en sus formas de vida, a aprender de ellos relativizando nuestros hábitos y costumbres, sin pretender su asimilación o anexión. Una cultura diferente a la nuestra no es, por el hecho de mostrar tal diferencia, ni inferior, ni aberrante, sino que también tiene su coherencia, su complejidad, sus sistemas de conocimiento y de clasificación de la realidad, sus esquemas de valores, sus criterios estéticos, jurídicos y religiosos, etcétera. Al compararla con la nuestra hemos de esforzarnos para

Fig. 5.- Cazadores-recolectores bosquimanos en "Las Razas Humanas" de F. Ratzel, 1888.

llegar a formular posibles principios generales que den razón de las semejanzas y de las diferencias que observamos y que nos permitan comprendernos a todos, a nosotros y a ellos, en cuanto humanos en una tierra compartida. En efecto, todos hemos de hacer frente a problemas similares, ecológicos, psicológicos, sociales y transculturales, es decir, internacionales, globales, planetarios en suma. Y en esa tarea ineludible hemos de ser autocríticos, pues quienes hemos ejercido una despiadada dominación económica, ideológica y política sobre los otros pueblos hemos sido los occidentales, en especial en la Modernidad. Sólo así es pensable un humanismo que, a diferencia del que se dio en el Renacimiento, no se reduzca ni a unos modelos clásicos de referencia exclusiva como los greco-romanos de la Antigüedad, ni, por tanto, a unos pocos saberes artístico-literarios, ni a unas clases sociales privilegiadas, ni a un área geográfica restringida, mediterránea, europea o del hemisferio norte, sino que merezca ser denominado un humanismo interactivo, emancipatorio, integral y global. Los otros son entonces, como plenamente humanos con los que convivimos, nuestro presente, porque son también y sobre todo coautores de nuestro futuro, ya que en ellos perduran valores a reivindicar que se han perdido entre nosotros. Ellos nos enseñan a descubrir la complejidad de la vida humana, los valores que señalan las carencias y vacíos que nos delatan, las deficiencias que acarrea nuestra forma de vida tan avasalladora: una subsistencia urbana motorizada y veloz, como decíamos al comienzo, solitaria entre masas de individuos, sin fuertes lazos afectivos interpersonales, gravemente escindida entre lo privado y lo público, ignorante de los ritmos de la naturaleza, las variedades vegetales, la convivencia con los animales, el cuidado en el consumo, la tolerancia con quienes prefieren remar a su aire... reacia, en suma, a aprender de los otros, que podrían aparecer entonces como buenos etnoarqueólogos de nuestro presente y cualificados esbozos de nuestro posible futuro.

**Bibliografía**


HOMERO (1976): *Odisea*. Ed. de José Luis Calvo. Ed. Nacional, Madrid.

LÉVI-STRAUSS, C. (1979): *Antropología estructural. Mito, sociedad, humanidades*. Trad. De J. Almela, Siglo XXI, México. Cf. en especial "Jean-Jacques Rousseau, fundador de las ciencias del hombre" y "Los tres humanismos".

LLINARES, J. B. (1995): *Introducció històrica a l'Antropologia. I. Textos antropològics dels clàsics greco-romans*. Servei de Publicacions de la Universitat de València, València. Cf. en especial el cap. 4 "Orígens i evolució de la vida humana i la cultura" i el cap. 8 "La construcción d'una primera diferència antropològica: els civilitzats i els salvatges".

LLINARES, J. B. (1982): *Materiales para la historia de la Antropología*. 3 vols. Valencia, Nau Llibres, 1982, 1983 y 1984 (reediciones en 1993 y 1996). Cf. en especial los capítulos "Lucrecio" en el vol. I, "Locke", "Rousseau" y "Ferguson" en el vol. II y "Darwin", "Lubbock", "Morgan" y "Tylor" en el vol. III.

MEEK, R. (1981): *Los orígenes de la ciencia social. El desarrollo de la teoría de los cuatro estadios*. Trad. de E. Pérez Sedeño, Madrid.

SAN MARTÍN, J. (1985): *La antropología, ciencia humana, ciencia crítica*. Montesinos, Barcelona.

VALDÉS, R. (1977): *Las Artes de subsistencia. Una aproximación tecnológica y ecológica al estudio de la sociedad primitiva*. Adara, La Coruña.

# CATÁLOGO

# TIERRA DE ARNHEM

## El tiempo de los sueños

Mujer kunwinjku recolectando *Pandanus spiralis* para la elaboración de objetos de fibra (cestos, bolsas, adornos, trampas de pesca, etc.). ▶

La colina de Injalak constituyó durante generaciones un importante foco de actividad artística, especialmente durante la estación húmeda, *kudjewk*, cuando la inundación de los valles obligaba a los aborígenes a buscar refugio en sus galerías.

Mujer jawoyn con escarificaciones. Este tipo de cicatrices decorativas se producen durante los ritos de iniciación. Su significado es tan sólo conocido por los iniciados y constituye un símbolo de identidad que revela el grado de iniciación o el estatus social del individuo.

Hombre jawoyn con escarificaciones. Su forma y su número varía en función de la procedencia del individuo, pero en la Tierra de Arnhem suelen adoptar la forma de líneas paralelas en el hombro y en el torso.

El *didjeridú* es el instrumento musical por excelencia de la Tierra de Arnhem, aunque en la actualidad se ha convertido en símbolo de identidad aborigen en toda Australia.

Artistas jawoyn durante el proceso de elaboración de *didjeridús.* Aunque la decoración depende del artista, en los contextos ceremoniales rara vez se utilizan motivos figurativos.

Hombre jawoyn captado en el momento previo al disparo de una lanza con propulsor. Ambos instrumentos constituían las herramientas básicas del cazador y del guerrero en la Tierra de Arnhem.

Hombres kunwinjku preparándose para la danza. En contextos ceremoniales la música, la danza y los adornos corporales juegan un papel fundamental. La arcilla blanca protege al individuo de los espíritus mientras danzan al ritmo del *didjeridú* y de los palos "de dar palmas".

Mujer jawoyn tejiendo una bolsa de *Pandanus spiralis* mediante la técnica ancestral del anudado.

Mujer kunwinjku preparando un sencillo horno de tierra para la cocción de carne. La corteza de árbol evita que la carne se llene de tierra al cubrir el horno para mantener la temperatura.

Propulsor tallado en madera y decorado con colorantes naturales. En un extremo presenta un apéndice de madera fijado a la pieza mediante cera de abeja, que sirve para asegurar la posición de la lanza antes del disparo. Utilizada por los hombres para la caza y la guerra.
L. 76,5; A. 4,5 cm

Adorno de cabeza de tipo ceremonial. Compuesto por un aro de fibra y dos adornos de plumas fijados a ambos lados mediante cera de abeja.
L. 18,5 cm

Lanzas talladas en madera con punta fija y decorada con colorantes naturales. La tipología de las puntas varía en base a su funcionalidad: caza, pesca, guerra o ceremonial.
L. 1,64 m

Representación de *Namarnkol* (*Barramundi, Lates calcarifer*) y lirios de agua realizados con colorantes naturales sobre papel. Ambos motivos juegan un papel importante en la dieta aborigen. Artista: Gabriel Maralngurra (Gunbalanya, Tierra de Arnhem).
L. 52 cm; A. 71 cm.

Espíritu Mimi tallado en madera y decorado con colorantes naturales. Estas tallas de madera sustituyen a las tradicionales figuras de corteza de árbol y cuerda utilizadas en contextos funerarios para representar al espíritu del difunto.
L. 77,5; A. 4 cm

*Didjeridú* o instrumento musical de viento utilizado por los aborígenes de la tierra de Arnhem durante las ceremonias. Decorado con colorantes naturales y motivos no figurativos. Su sonido y resonancia depende de la longitud, la forma y el grosor de la pared. Tan sólo los hombres pueden hacerlo sonar al representar al órgano reproductor masculino. L. 1,18 m; Diám. max. 8 cm

"Palos de aplaudir" tallados en madera y decorados con colorantes naturales. Su decoración lisa es característica de la Tierra de Arnhem. Los hombres los golpean al son del *didjeridú*. L. 22 y 19; A. 2,5 y 4 cm

"Palo mensaje". Pieza de madera grabada con trazos y puntos, utilizado por los aborígenes para enviar mensajes a las tribus o grupos lingüístico vecinos por medio de un mensajero. L. 12 cm.

Bolsa cónica tejida con fibra extraída de las hojas del *Pandanus spiralis*. Los colores pálidos y grisáceos son los propios de la estación seca. Hombres y mujeres se la cuelgan de la cabeza o el cuello para transportar sus enseres. L. 24; A. 16 cm

Representación de *Namarrkon* (el hombre rayo) realizada utilizando colorantes naturales sobre corteza de *Eucalyptus*. Es el espíritu responsable de las enormes cortinas de rayos que acompañan a las lluvias durante la estación húmeda. Artista: Bob Namundja (Gunbalanya, Tierra de Arnhem). L. 67; A. 30 cm.

# VALLE DEL OMO

## Los señores del ganado

Los hamer acuden a los mercados para comerciar con multitud de productos: desde ganado y grano hasta ocre, con el que se decoran las mujeres el cabello. ▶

Retrato de mujer hamer. Los collares, tanto el de metal (*isanti*) como el de cuero (*binyare*) indican que se trata de una mujer casada.

La sangre del ganado supone un aporte de proteínas indispensable en la alimentación hamer, basada principalmente en el sorgo y el maíz.

Las tobilleras, o *waro wara*, acompañan a los cantos y bailes de las mujeres para animar al iniciado en la principal ceremonia de la vida hamer, el salto sobre el ganado.

Ritual hamer del salto del toro. El *ukuli,* o joven iniciado, ha de saltar desnudo sobre los lomos del ganado para pasar a la "edad adulta".

Los hombres y mujeres mursi recorren decenas de kilómetros para acceder a los mercados en las poblaciones sedentarias de otras comunidades indígenas.

Los graneros, muy frecuentes en la región del Omo, permiten almacenar alimentos para épocas de carestía, ya que las lluvias son escasas e imprevisibles. Las mujeres mursi se encargan de la mayor parte del trabajo agrícola.

Campamento temporal mursi formado por varias cabañas, o *duri,* en la ribera del río Mago, zona ocupada durante parte del año para cultivar maíz y sorgo.

Joven mursi con un AK47, el arma automática más codiciada en el valle del Omo. Los jóvenes solteros, o *rora,* son los encargados de proteger al grupo de posibles incursiones enemigas y de vigilar el ganado.

Pág. siguiente: Contenedores cerámicos o "*daa*" en el poblado de Dimika, situado en la confluencia entre territorios de varios grupos culturales del bajo Omo. Hamers, bashadas, aris, etc., acuden al mismo para comerciar. ▶

Lira mursi, o *chonkudolete,* compuesta por una caja de resonancia de madera y cuero con tres palos, dos verticales y uno horizontal que permiten tensar las cinco cuerdas.
L. 67; A. 30 cm

Reposacabezas, o *borkoto,* de madera con tira de cuero para su transporte, decorado con motivos incisos a bandas, triangulares y en cuadrícula. Utilizado por los hombres hamer como reposacabezas y asiento en la vida cotidiana. El de color claro está en proceso de fabricación.
L. 13; A. 17,5 cm

Calabaza hamer, o *chxarca,* con decoración incisa a cuadrículas. Tiene una tira de cuero que permite utilizarla para el transporte de líquidos.
L. 16; Diám. máx.. 11 cm

Contenedor de cestería, o *garchu,* de forma globular utilizado por las mujeres mursi para mantener la pasta de sorgo.
Diám. máx. 25; A. 20 cm

Collar circular de cuero, o *bynyare/binyere,* decorado con ocre y placas cuadradas y tubulares de metal. Las mujeres hamer llevan estos collares para indicar su condición de casadas.
L. 25; A. 14 cm

Dos protectores de mano, u *orgamay,* realizados en fibra vegetal. Estas piezas de cestería, reforzadas con tiras de cuero, son utilizadas por los hombres solteros mursi (*rora*) en los duelos ceremoniales o *thagine*.
L. 13; A. 10,5 cm

Platos labiales circulares realizados en arcilla de color rojizo-marrón con manchas de cocción negras (*dhebi a golonya*). Utilizados por las mujeres mursi como símbolo de belleza y madurez sexual.
Diám. máx. 12 y 13,5 cm

Hacha compuesta por mango de madera y hoja de metal con filo cortante utilizada por los hombres hamer para cortar leña y realizar instrumentos en madera.
L. 49; A. 16 cm

Vestido de piel de antílope, o *kel*, pintado con líneas negras y decorado con elementos metálicos (balas, arandelas, etc.). Utilizado por las mujeres mursi.
L. 82; A. 44 cm

Porra de madera con decoración incisa formando cuadrículas y triángulos utilizada por los hombres hamer para llevar el ganado.
L. 52; A. 9 cm

# PAPÚA

## La última frontera

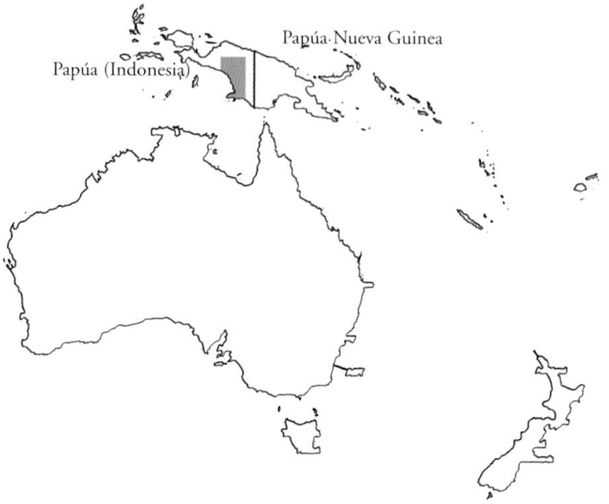


Un agricultor dani caminando entre huertos de batatas protegidos por vallas de madera. Los hombres desbrozan los campos, construyen los vallados y cavan canales de irrigación. ▶

Los *kain* son grandes jefes danis momificados, respetados en vida por su liderazgo en la guerra. El fin de la violencia entre grupos rivales y la influencia de los misioneros acabaron con la tradición de momificar.

Mujeres cocinando batatas en un fuego comunitario o *mumus*. Este tubérculo supone el 90 % de la dieta dani. Además plantan en la actualidad taros, yames, bananos, caña de azucar, pepinos, calabazas, tomates, tabaco, etc.

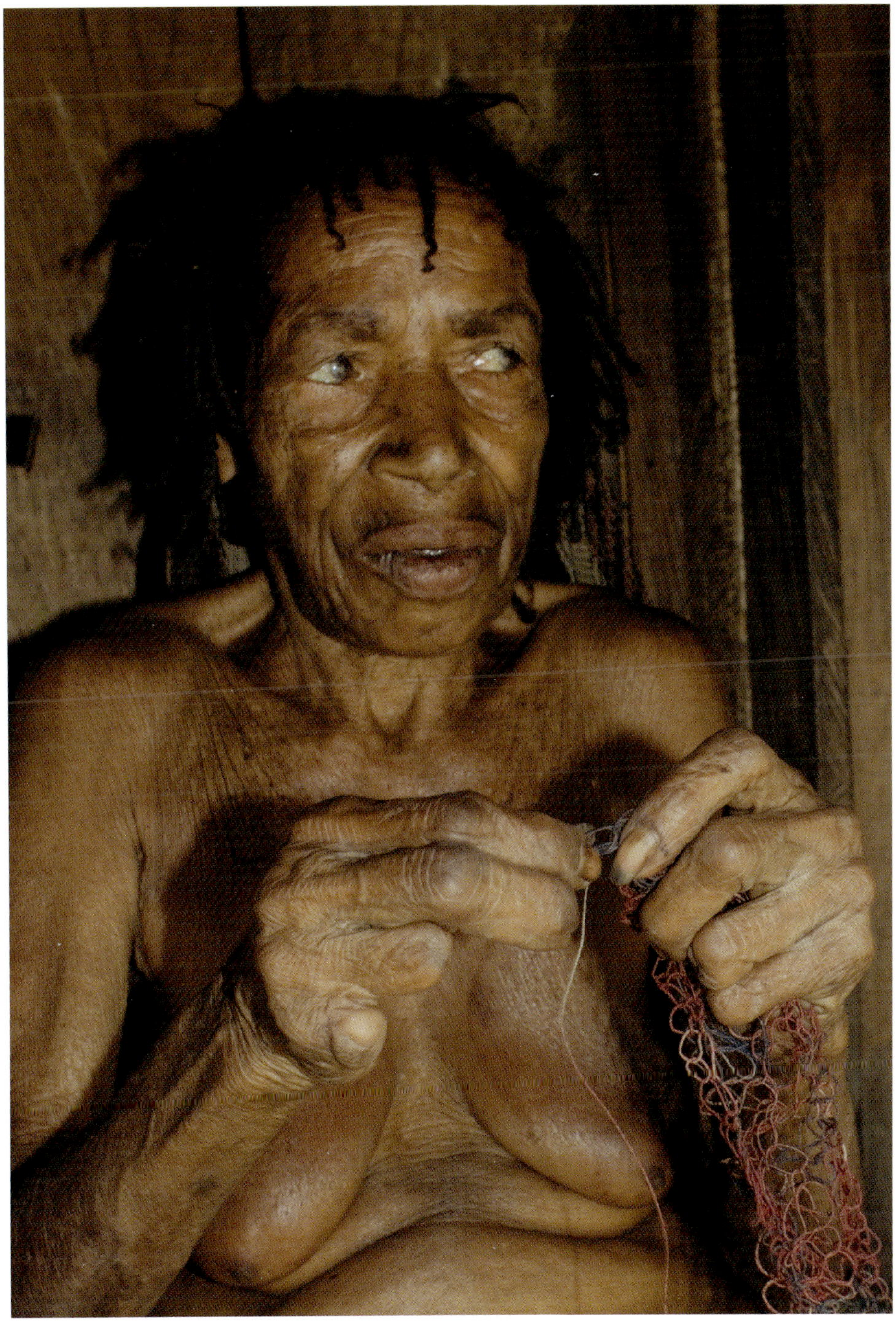

Las mujeres dani realizan gran parte de los trabajos diarios, como tejer, plantar y recoger las cosechas, cuidar de los cerdos, cocinar y vender todo tipo de productos en los mercados.

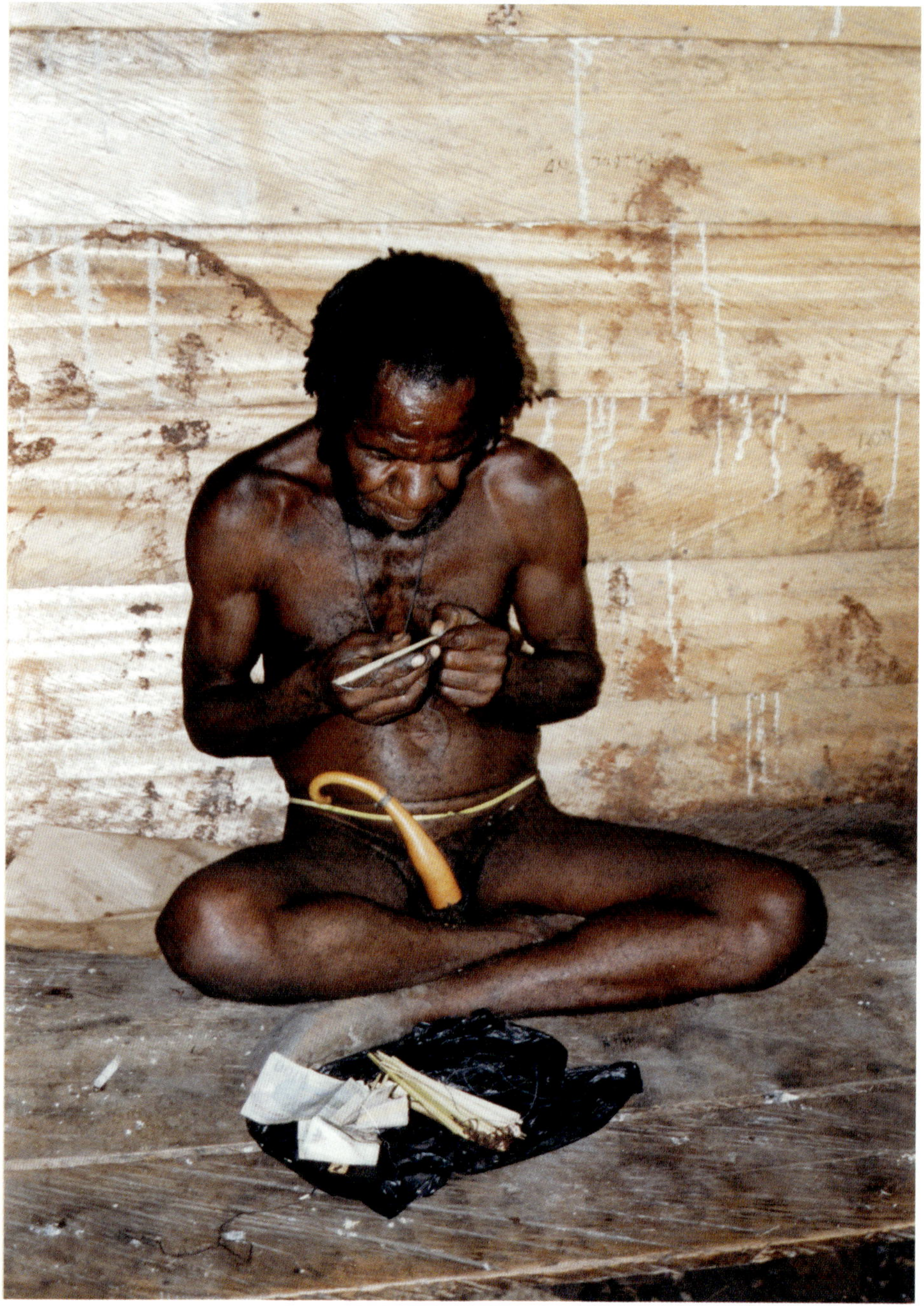

Hombre dani vendiendo arpas de boca en un mercado, en Wamena. Estos instrumentos realizados con secciones de bambú son muy populares en el valle de Baliem.

Los poblados dani están organizados en torno a un espacio central con casas circulares, diferenciadas para hombres y mujeres, y casas comunitarias rectangulares con diversos hogares.

Hombres asmat remando en canoas de guerra. Aunque las guerras están prohibidas en la zona desde los años 60 por las autoridades coloniales holandesas, y hoy por el gobierno indonesio, se siguen realizando competiciones deportivas a modo de enfrentamiento entre poblados.

Hombre asmat construyendo una canoa monóxila. Éstas son imprescindibles en un ecosistema marcado por zonas lacustres, ríos y bosques de manglares.

Hombre asmat con nariguera, tocado de cuscús y plumas de cacatúa, en el poblado de Owus. Debido a la actividad evangelizadora muchos de los elementos de la cultura material asmat han desaparecido.

Pág. siguiente: Ceremonia de *jipae* en el poblado de Omandeseb. Los asmat, tras una muerte reciente y mediante ▶ esta ceremonia "animan" al espíritu del muerto a abandonar el poblado y dirigirse a *Safan,* el reino de los espíritus.

Narigueras o adornos nasales asmat, o *bipane,* realizados con dos fragmentos de concha marina unidos mediante resina. La parte interior de la concha, de un blanco más intenso, es la que se coloca hacia el exterior.
L. 16,5; A. 5 cm
L. 17; A. 7,5 cm

Cuhillo, o *pisuwe,* de hueso de casuario decorado con plumas, fibra vegetal y semillas. Utilizado tradicionalmente por los hombres asmat en las partidas y como símbolo de estatus.
L. 37; A. 5,5 cm

Collar compuesto por piezas de conchas marinas pulidas, perfordas y engarzadas en un cinta de fibra vegetal. Se compone de once fragmentos de concha destacando una pieza central de gran tamaño. Utilizado por los hombres dani como elemento decorativo.
L. 54; A. 20,5 cm

Collar asmat formado por fibras trenzadas en las que aparecen ensartados 75 caninos de perro perforados. Son collares muy valorados y se ofrecen como regalos de boda y pagos compensatorios.
L. 53; A. 3,5 cm

Tambor de madera, o *em,* asmat de forma troncocónica y mango tallado, en la parte superior una piel de reptil tensada mediante fibra de bambú. Elaborada decoración tallada con motivos decorativos geométricos/simbólicos por toda la superficie del tambor, excepto en la banda central.
L. 53; A. 27 cm

Traje ceremonial, o *jipae,* de cuerpo entero realizado en fibra vegetal trenzada, tiene elementos decorativos típicos del adorno masculino asmat como la nariguera, plumas de cacatúa y semillas. Utilizado en las ceremonias *jipae* para ahuyentar de los poblados a los espíritus de los muertos.
L. 1,35 m; A. 50 cm

Pectoral compuesto por tira de corteza de árbol cubierta por cauris seccionados y perforados, organizados en líneas ocupando toda la superficie de la corteza. Utilizado por los hombres dani como pieza de gran valor.
L. 37,5; A. 11cm

Hacha dani del valle de Baliem compuesta por mango de madera y piedra pulida atada con trenzado de ratán. Eran utilizadas por los hombres dani en la tala y desbroce de ramas. Las piedras de hachas eran objeto de un intenso comercio hasta la llegada de las herramientas de metal.
L. 47; A. 28 cm

Protector de pene u *horim*. Fragmento de calabaza utilizada por los hombres dani para cubrirse el sexo.
L. 32; Diam. máx. 4,5 cm

Escudo asmat, o *jamasj*, de madera. Decorado con motivos que parecen representar remolinos de agua y un lagarto o cocodrilo, pintados con ocre, carbón y cal. Los escudos poseen el espíritu de un antepasado que protege al guerrero y aterroriza a sus enemigos. Con frecuencia se rompe y es enterrado junto a su dueño.
L. 218; A. 75 cm

# GLOBALIZACIÓN

## y supervivencia cultural

En el Bajo Omo (Etiopía) los contenedores de plásticos de todo tipo sustituyen, paulatinamente, a los recipientes realizados con calabazas y cerámica. ▶

Pendiente de plástico. Multitud de nuevos materiales realizados en plástico y acero se encuentran en los mercados del Bajo Omo.

Mujer mursi pintada para los turistas. Este tipo de decoración corporal era desconocida entre los mursi antes de la llegada del turismo y de su interés por las culturas indígenas. Bajo Omo.

Ferretería en Wamena (Papúa). A partir de los años 60 del siglo XX el metal comenzó a sustituir, incluso en los valles más remotos, a los útiles de piedra.

Iglesia Cristiana en Wamena (Papúa). Diversas organizaciones misioneras se encuentran repartidas por el territorio dani, tanto católicos como protestantes han evangelizado el territorio.

Casa ceremonial en poblado dani (Papúa). Los ancianos siguen conservando gran parte de su cultura tradicional, previa al contacto con occidente.

Para las mujeres de Barunga (Tierra de Arnhem, Austràlia) el baloncesto es más que un deporte. Es una forma de reunión social y de transmisión de conocimientos, en la que las adolescentes siguen aprendiendo de las mujeres adultas.

El arte rupestre de yacimientos remotos de la Tierra de Arnhem proporciona una de las mejores muestras del alcance de la II Guerra Mundial.

La cultura material muestra las influencias externas en las poblaciones aborígenes. El tabaco y la pipa fueron introducidos por los pescadores macassan y su uso ha continuado hasta la actualidad (Tierra de Arnhem).